"乡村振兴书箱·水稻＋"丛书

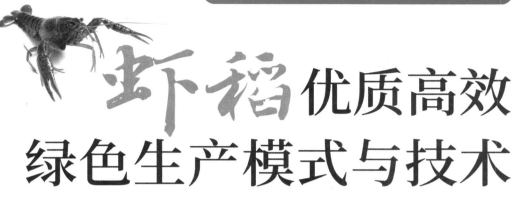

虾稻优质高效绿色生产模式与技术

XIA DAO YOUZHI GAOXIAO LVSE SHENGCHAN MOSHI YU JISHU

湖北省乡村振兴研究院 ◎ 主编

U0232546

长江出版传媒 ▲ 湖北科学技术出版社

图书在版编目（CIP）数据

虾稻优质高效绿色生产模式与技术／湖北省乡村振兴研究院主编.--武汉：湖北科学技术出版社，2019.12（2021.10 重印）

（"乡村振兴书箱·水稻+"丛书）

ISBN 978-7-5706-0842-3

I. ①虾…II.①湖…III. ①稻田－生态农业－农业模式－研究②稻田－虾类养殖－淡水养殖－研究 IV. ①S511②S966.12

中国版本图书馆 CIP 数据核字（2019）第 299152 号

责任编辑：邱新友 罗晨薇　　　　　　　　　封面设计：胡　博

出版发行：湖北科学技术出版社　　　　　　　电话：027-87679450

地　　址：武汉市雄楚大街 268 号　　　　　　邮编：430070

　　　　　（湖北出版文化城 B 座 13-14 层）

网　　址：http://www.hbstp.com.cn

印　　刷：武汉邮科印务有限公司　　　　　　　邮编：430205

787×1092　　　1/16　　　　　　7 印张　　　　　　　142 千字

2020 年 2 月第 1 版　　　　　　　2021 年 10 月第 2 次印刷

定价：28.00 元

《虾稻优质高效绿色生产模式与技术》编委会

序

　　小龙虾(克氏原螯虾, *Procambarus clarkii*)因其肉质鲜美、营养丰富而深受消费者喜爱。随着人们生活水平的提高,小龙虾已成为广大消费者餐桌上的一道"寻常"美食,市场对其需求越来越大,小龙虾人工养殖也随之而兴起,目前已经是我国重要的养殖经济虾类。

　　21世纪以来,小龙虾养殖快速发展,其养殖模式主要是稻田养殖。湖北省自2001年探索出虾稻连作模式后,经过十几年的探索与实践,虾稻生产技术逐步走向成熟,已经由虾稻连作模式发展为虾稻共作模式。虾稻共作目前已成为推动乡村振兴的一大强劲支撑产业。尤其近几年虾稻共作发展迅猛,至2018年湖北省虾稻综合产值突破千亿元。

　　虾稻种养模式通过水稻和小龙虾两个物种相互关系的巧妙协调,高效利用稻田生态系统的光、温、水、热、养分和生物资源,实现了少打农药、少施化肥、以虾促稻、稳粮增效、质量安全、生态环保的目标,很好地诠释了"一水两用、一田双收"的基本内涵。养殖小龙虾的稻田所产稻米绿色安全,质优价高,经济效益显著。虾稻模式较常规稻田可减肥30%、减药50%,极大地减少了面源污染,改善了生态环境,实现了农业绿色可持续发展。产业振兴是乡村振兴的基础,产业兴旺是乡村振兴的基本要求。湖北省在发展虾稻产业的过程中将第一产业(水稻种植、小龙虾养殖)、第二产业(水稻和小龙虾加工)和第三产业(物流运输、旅游节庆、餐饮、电子商务等)深度融合,成为乡村振兴和农业高质量发展的典型产业范例。目前,虾稻产业已成为湖北省农业经济的优势产业、农民增收的支柱产业和农村生态文明的示范产业,湖北的做法值得在全国类似地区推广应用。

　　本书阐述了虾稻产业发展的历程,介绍了发展虾稻模式的条件要求,总结了目前生产中主要的六种虾稻生产模式及技术要点和配套的水稻、小龙虾病虫害绿色防控技术,并以案例的形式说明在发展虾稻模式中存在的一些技术难点和瓶颈问题,提出了解决方案。本书中"发展概况—技术标准—模式及技术要点—绿色生产技术—案例分析"脉络清晰,深入浅出,图文并茂。在虾稻模式受到政府、企业、新型经营主体高度重视的当下,该书的出版及时必要,可为虾稻种养农户、新型经营主体和技术人员提供重要的参考与指导,必将会对湖北省乃至全国虾稻产业的健康发展起到积极推动作用。

中国工程院院士

扬州大学教授

2020 年 1 月

  小龙虾,学名克氏原螯虾(*Procambarus clarkii*),原产于北美洲,20 世纪 30 年代传入我国,现已成为我国重要养殖经济虾类。

  21 世纪以来,小龙虾养殖发展迅猛,消费市场持续放大,产业链不断延伸,特别是"十三五"以来,由于有较高的经济效益、广阔的市场前景、良好的发展态势,很多地区将小龙虾产业作为地方特色主导产业进行打造,小龙虾产业化步伐进一步加快、产业发展水平进一步提升。2007 年全国小龙虾产量仅 26 万吨,而到了 2018 年小龙虾产量突破 163 万吨,经济总产值突破 3690 亿元;2019 年小龙虾产业进一步发展。小龙虾养殖已成为生态循环农业发展的主要模式之一,是新时代加快推进渔业绿色发展最具活力、潜力和特色的朝阳产业,也是主产区实施乡村振兴战略和农业产业精准扶贫的有效抓手。据统计,2018 年湖北省虾稻综合种养面积达到了 571 万亩,小龙虾产量达 63 万吨,占全国稻田小龙虾产量的 50% 以上。《湖北省乡村振兴战略规划(2018—2022 年)》《湖北省推广"虾稻共作稻渔种养"模式三年行动方案》提出了到 2020 年,全省"虾稻共作、稻渔种养"模式发展到 700 万亩;形成一套成熟的田间工程建设、生产经营管理和产业发展支撑体系。与单一种稻相比,实现亩产千斤稻,每亩增收两千元,主产区农药、化肥施用量每亩平均减少 50% 以上;小龙虾和稻米产业化水平进一步提高,产业链条进一步拓展,品牌知名度、美誉度、市场影响力大幅提升,综合产值达到 1500 亿元。

  湖北省在虾稻共作模式创新方面进行了大量的探索。从 2001 年潜江农民率先进行稻田养殖小龙虾开始,2004 年总结出虾稻连作的基础上,2010 年成功地探索出了虾稻共作的稻田综合种养模式,变"一稻一虾"为"一稻两虾",即"一季稻,二季虾,经营主体不分家"的虾稻共作模式,将每亩平均纯收入提高到 5000 元左右,被农业农村部誉为中国现代农业的"革命性"创举。小龙虾养殖的面积、产量的绝对优势和技术创新的领先,形成了"世界龙虾看中国,中国龙虾看湖北"的格局,也奠定了湖北在全国小龙虾产业的地位。近年,全国各地来湖北取经的人员络绎不绝,湖北虾稻综合种养专家也纷纷走出湖北传经送宝,将湖北的稻田综合种养创新成果推向全国。

中国小龙虾已走出国门,走向世界。鉴于日益扩大的市场空间,种养殖户对技术的需求也日益迫切,针对在虾稻综合种养过程中存在的一些亟待解决的问题,技术人员在培训种养殖户时也没有统一规范的教材,我们组织了水稻种植、水产养殖、植物保护、质量检测等方面的专家编写了这本《虾稻优质高效绿色生产模式与技术》,旨在推动虾稻产业的持续健康发展。

本书共分五章,第一章介绍了湖北省虾稻综合种养的发展历程与现状;第二章描述了虾稻田的工程改造技术;第三章推荐了虾稻共作常见模式与技术要求;第四章主要阐述了虾和稻病虫害的绿色防控技术;第五章列举了一些生产实践中的成功经验与失败案例。全书深入浅出,通俗易懂,图文并茂,具有很好的借鉴性和很强的可操作性。

由于编写时间比较仓促,编写人员水平有限,书中内容难免挂一漏万,望专家及读者不吝批评指正,以便再版时完善。

湖北省农业科学院副院长　游艾青
2020 年 1 月

目录

第四章 病虫害绿色防控

第五章 典型案例分析

第一章　虾稻生产技术概述

小龙虾,学名克氏原螯虾(*Procambarus clarkii*),是一种淡水经济甲壳动物,原产于美国东南部。1918年,日本的本州岛从美国引进小龙虾作为饲养牛蛙的饵料,20世纪30年代小龙虾从日本传入我国,最初在江苏的北部,50年代初即在南京出现。随着其自然种群的扩展和人类的养殖活动,小龙虾现已成为我国淡水虾类中的重要资源,广泛分布于我国东北、华北、西北、西南、华东、华中、华南的20多个省、自治区、直辖市及台湾地区,形成可供利用的天然种群,成为我国重要的水产资源和经济虾类。

稻田养殖小龙虾起始于21世纪初。所谓稻田养殖小龙虾,是指通过运用生态经济学原理和稻渔共生理论,对稻田实施工程化改造,人为构建稻—虾共生互促系统,使水稻田里既能种植水稻又能同时养殖小龙虾,充分发挥物种间共生互利的作用,促进物质和能量良性循环,实现水稻稳产、水产品增加、经济效益提高、农药和化肥施用量显著减少,是一种具有稳粮、促渔、提质、增效、生态、环保等多种功能的生态循环农业发展模式。

2001年湖北省潜江市农民刘主权率先进行稻田养殖小龙虾,后经多名水产专家历时4年的探索,于2004年成功地总结出了虾稻连作技术,虾稻连作(即克氏原螯虾与中稻连作)是指在中稻田里种一季中稻后,接着养一季小龙虾的种养模式。具体地说,就是前一年的8—9月中稻收割前投放亲虾,或当年3—4月中稻种植前投放幼虾,4月中旬至5月下旬收获成虾,5月底、6月初整田、插秧,如此循环轮替的过程。虾稻连作技术开创了我国稻田养虾的先河。虾稻连作模式既解决了冬季低洼田撂荒的问题,又解决了水产品加工出口企业虾源不足的问题,同时也为农民开拓了一条发家致富的好途径。2005年,虾稻连作技术作为湖北省渔业科技入户的主推技术开始在全省推广。在此后的四五年里,这种稻香虾肥、增产增收的景象,吸引着越来越多的农民参与其中,湖北省虾稻连作的面积一度达到300多万亩。

随着养殖面积的扩大和市场需求的变化,该模式出现了诸如小龙虾商品规格偏小、市场价格低、养殖户的效益差等问题。湖北省水产推广总站专家在着重分析了技术层面原因后,于2010年提出了在虾稻连作的基础上进行虾稻共作试验的技术思路。所谓"虾稻共作",就是利用农业生态学原理构建稻田虾—稻共生系统,通过环沟的开挖和水位调控,为小龙虾留种、保种创造条件,实现水稻绿色生产和小龙虾的自繁、自育、自养,提高了稻田综合生产效益。该技术的突破,使湖北省乃至全国的虾稻综合种养得到快速发展,在

短短的三四年内,仅湖北省就以每年新增 60 万亩以上的速度迅猛发展。到 2018 年,湖北省小龙虾产量达 81.24 万吨,占了全国小龙虾产量的半壁江山,这样才形成了"世界龙虾看中国,中国龙虾看湖北"的格局,也奠定了湖北省在全国小龙虾产业的领先地位。

第一节　湖北省虾稻发展现状、要求与效益分析

一、发展现状

(一)发展规模

利用虾稻共作模式打造的虾稻产业已成为湖北省现代农业主要支柱和重要典范,是湖北省农业发展的重要产业。近年来,湖北省认真贯彻落实中央一号文件、省委一号文件和农村工作会议精神,深入推进农业供给侧结构性改革,以虾稻产业为主导,加速一、二、三产业融合,初步形成了集良种繁育、健康种养、冷链物流、精深加工、出口贸易、餐饮品牌、节庆文化、电商于一体的全产业链条,湖北省现有流通经纪人 1 万余人,虾店、虾餐馆近 2 万家,从事小龙虾产业近 60 万人。2018 年,湖北省的虾稻综合种养面积达到了 571 万亩,产小龙虾 63.16 万吨,占湖北省小龙虾产量的 83.9%,为农民增收 252.3 亿元,小龙虾综合产值达 1001.1 亿元,是湖北省单一水产品种产值突破千亿元大关的第一个品种,呈现出产业发展、农民增收、社会增效的良好局面。《湖北省稻田综合种养"十三五"规划》提出了坚持"创新、协调、绿色、开放、共享"发展的新理念,力争到 2020 年,全省虾稻种养面积突破 700 万亩,年产优质稻谷 300 万吨、优质水产品 70 万吨,小龙虾综合产值达到 1500 亿元。湖北省推进虾稻共作有条件、有空间、有潜力、有优势、有规划,前景十分广阔。

(二)发展模式

湖北省从 2001 年开始探索,2010 年起创新虾稻种养模式,变"一稻一虾"为"一稻两虾",可将每亩平均纯收入提高到 5000 元左右,被农业农村部誉为中国现代农业的"革命性"创举。同时,全省在产业发展模式上不断推陈出新。一是将单一的虾稻模式发展到复合种养模式上,创造了诸如"虾鳖稻""虾鳝稻""稻鸭虾""鳖虾鱼稻"等多种新型复合种养模式,这些模式在水稻稳产的同时,每亩收小龙虾 150 千克左右,较单纯种植水稻的

稻田每亩平均增效 3～10 倍；稻田农药、化肥使用量显著降低。二是创新服务模式，探索建设区域性"三农"服务中心，推行"六统一"（统一种养模式、统一种养标准、统一农资供应、统一管理与服务、统一收购产品、统一产品品牌）全程社会化服务模式。三是创立以"华山模式"为代表的"种、养、加、销"一体化利益联结机制，推动了城乡有机融合发展。"华山模式"通过推进土地规模流转、迁村腾地建镇、反包倒租，以龙头企业带动农民种稻养虾致富，探索出一套"企业 + 集体 + 农户"合作共赢的经营体系，实现了地增多、粮增产、田增效、农民增收、集体增利、企业增效，使农村变成了新城镇、农民转为了新市民，实现了传统农业向现代农业的跨越，被誉为推进农业现代化、农村城镇化的成功典范。

（三）科技研发

为确保虾稻基地建设"开发一片，投产一片，受益一片"，湖北省充分发挥虾稻产业相关科研院所、高等院校和技术推广部门的优势，强化院（校）企、院（校）县（市）合作关系，全省共建有多个院士专家工作站和博士服务站，探索出虾稻连作、虾稻共作等多项种养模式，制定了《虾稻模式下水稻绿色机插栽培技术规程》《虾稻模式下稻田养分管理和水稻绿色防控》《虾稻共作养殖技术标准》《虾稻共作 中稻绿色种植技术规程》等多项种养技术标准，获得了《克氏原螯虾生态繁养技术》《虾稻生态种养技术集成与示范》《鳖虾鱼稻生态种养"三高"技术研究》等多项技术成果，奠定了湖北省稻田综合种养的技术优势和虾稻产业的领先地位。

（四）虾稻良种选育

好水养好虾，有虾就有稻，虾在稻中游，稻在水中长。为促进虾稻产业平衡发展，实现"虾"与"稻"双轮驱动，改善"虾强稻弱"的产业发展不平衡状况，近年来，以湖北省潜江市为代表的虾稻主产县市全面实施优质虾稻良种工程。以潜江市为例，该市 2016 年起与湖北省农科院合作从 180 多个优质稻中筛选与选育获得了稳定的高档优质稻新品系 10 多个，同时积极开展适宜虾稻共作模式的高档优质稻品种筛选工作，通过连续多年的田间综合考察、稻米品质检测、食味品鉴，初步确定了鄂中 5 号、鄂香 2 号、华润 2 号、福稻 88、鄂丰丝苗等六个品种为适宜虾稻共作模式的高档优质稻品种，其中鄂香 2 号、华润 2 号等多个品种已被"虾乡稻""水乡虾稻"等虾稻米品牌定为主打优质稻品种。

2018 年湖北省农业科学院粮食作物研究所在湖北省种子管理局的支持下成立了虾稻品种创新测试联合体，为虾稻专用水稻品种审定创造条件。经过几年的攻关，第一个虾稻专用品种虾稻 1 号即将审定，一个品系正在参加区试，还有一批稳定品系正在进行鉴定筛选。为实现良种良法配套，湖北省农业科学院近年来主要围绕虾稻共作模式下优质水稻品种进行了配套栽培技术研究，从机械侧深施肥、氮肥精确定量减施、水分优化管理、病

虫害绿色综合防控等方面开展关键技术研发,目前已形成一套虾稻共作模式下水稻优质高效栽培技术体系,并申报了湖北省地方标准,上述工作的开展有力地推动了湖北省虾稻产业进入规范化和标准化的发展轨道。

(五)品牌创建与打造

全省正在实施地域、企业、商品"三位一体"品牌发展战略,稳步推进省级区域公用品牌"潜江龙虾""潜江虾稻"的打造,同时鼓励各地创建地方特色品牌。具体措施:一是开通微信公众号,建成品牌信息服务平台,对部分企业进行区域公用品牌授权,建立了统一店招、授权编号、网上查询、年度年检制度;二是推进品牌战略合作,与北京、上海、广州、深圳等地签署"区域协作、基地保障、全程监管"协议,打通湖北省小龙虾直供北上广深通道;三是加强品牌宣传,近几年持续在中央电视台、新华网、湖北电视台等主流媒体宣传报道区域公用品牌,全方位提升品牌的影响力,另外开展多种形式的宣传手段,如潜江龙虾开捕仪式在腾讯视频直播,监利龙虾牵手顺丰,在网络平台上大卖监利龙虾。

通过多年持续不断的品牌策划、经营,打造了美誉度高的"潜江龙虾"和"潜江虾稻"两个区域公用品牌,"潜江龙虾"品牌价值203.7亿元,初步形成了"北有五常大米,南有潜江虾稻"的优质大米品牌格局。

二、基本要求

(一)环境要求

1. 水源

养虾稻田要求水源充足,排灌方便,水质清新,生态环境良好,周围无任何污染源;同时,要求取水方便,水量能满足养殖需求,达到久旱不涸、久雨不涝。

2. 土质与规模

稻田土质要肥沃,保水能力强,底质没有改造过。壤土和沙壤土为宜,有利于小龙虾挖洞穴居;矿质土壤和沙土容易渗水、漏水,不适宜养虾。小龙虾营底栖生活,淤泥过多或过少都会影响其生长。淤泥过多,有机物大量耗氧,使底层水长时间缺氧,容易导致病害发生;淤泥过少,则起不到供肥、保肥、提供饵料和改善水质的作用。一般说来,稻田及环沟中淤泥厚度保持在15~20厘米,有利于小龙虾的健康生长。

3. 田块

田块要集中连片,水源充足,排灌方便,不受洪水淹没,土质以壤土为好,土壤保水能力较差、沙质土地的农田不能用于开展虾稻生产。田块面积原则上不限,但如果太小则不利于形成规模效应,丘陵地区以 5 亩以上为宜,平原湖区等具有良好平整土地资源的最好以 20 ~ 50 亩为一个养殖单元,便于人工管理。对于规模较大,产量、效益要求较高的基地,还要考虑交通便利,电力供应有保证,最好集中连片,便于水产品销售、品牌创建和形成产业化。一个单元的稻田田面落差不宜过大(落差小于 30 厘米),否则影响水稻栽培,需要进行土地平整处理。

4. 水温

小龙虾是广温性水生甲壳动物,其水温适应范围为 0 ~ 37℃,生长适宜水温为 18 ~ 31℃,最适生长水温为 22 ~ 30℃,受精卵孵化和幼体发育水温在 24 ~ 28℃ 为好。当水温下降至 10℃ 以下或超过 35℃ 时,小龙虾摄食明显减少,成虾即会钻入洞底蛰伏以越冬或避暑。为防止长时间的极端温度影响小龙虾的生长,建议在遇高温时应及时补水提高水位,遇低温时宜根据天气预报提前补水。

5. 溶氧

氧气是各种动物赖以生存的必要条件之一,水生生物的呼吸作用主要靠水中的溶氧。在养殖水体中,溶氧的主要来源是水中浮游植物的光合作用,约占 80% 以上。水体中保持适量浮游植物,对提高水体中的溶氧有较大的作用。小龙虾的鳃很发达,只要保持湿润就可以呼吸,有很强的利用空气中氧气的能力,养殖水体中短时间缺氧,一般不会导致小龙虾死亡。溶氧量保持在 3 毫克/升以上有利于小龙虾生长。

6. 有机物质

在养殖水体中,有机物质的作用也是不可忽视的。其主要来源有光合作用产物、浮游植物的细胞外产物、水生动物的代谢产物、生物残骸和微生物。水中有机物质的存在对小龙虾有积极作用,它可作为小龙虾的饵料,但数量过多则会破坏水质,影响小龙虾的生长,应注意更换新水或使用微生态水质调控剂改善水质。

7. 有害物质控制

养殖水体中有毒物质的来源有两类:一类是由外界污染引起的,另一类是由水体内部物质循环失调生成并累积的毒物,如硫化氢和氨、亚硝酸盐等含氮物质。池塘中氮的主要来源是人工投喂的饲料。小龙虾摄食饲料消化后的排泄物,可作为氮肥促进浮游植物的生长,并由此带来水中溶氧的增加。适量的铵态氮是有益的营养盐类,但过多则阻碍小龙虾的生命活动,它具有抑制小龙虾自身生长的作用。特别是有机物质大量存在时,异养细菌分解产生的氨和亚硝化细菌作用产生的亚硝酸盐都有可能引起小龙虾中毒。

(二)水质要求

虾稻共作绿色生产对水质要求至关重要,灌溉用水必须符合《绿色食品 产地环境质量》(NY/T 391—2013)中关于农田灌溉用水的要求,灌溉水质要求具体见表 1 - 1。

表 1-1　虾稻共作绿色生产农田灌溉水要求

项目	指标	检测方法
pH 值	5.5～8.5	GB/T 6920
总汞(毫克/升)	≤0.001	HJ 597
总镉(毫克/升)	≤0.005	GB/T 7475
总砷(毫克/升)	≤0.05	GB/T 7485
总铅(毫克/升)	≤0.1	GB/T 7475
六价铬(毫克/升)	≤0.1	GB/T 7467
氟化物(毫克/升)	≤2.0	GB/T 7484
化学需氧量(毫克/升)	≤60	GB 11914
石油类(毫克/升)	≤1.0	HJ 637
总大肠菌群(MPN/100 毫升)	≤500	GB/T 5750.12

三、经济效益概算

(一)成本概算

以亩为单元进行成本概算分析,此计算以规模化生产(100 亩以上)第一年的投入成本为计算依据,防逃设施、运输船、地笼均以 5 年使用期限按折旧费算,表 1-2 中数据为折算后的每亩平均成本;看护房造价 30000 元/幢,以 100 亩/幢计,每亩平均成本 300 元。由表1-2可知,虾稻绿色生产模式中第 1 年成本约为 4514 元/亩,第 2～5 年成本约为 2800 元/亩。

表 1-2　虾稻优质高效绿色生产模式成本概算表

单位:元/亩

类别	田租	种子	耕种收	化肥	农药	人工管理费			
水稻种植	800	80	320	120	80	150			
小龙虾养殖	田间开挖	虾苗	饲料	渔药	防逃设施	运输船(50 亩/条)	看护房(户/100 亩)	地笼(按 5 年使用期折旧)	收虾人工
	400	1200	800	50	6	14	300	44	150

(二)收益概算

以亩为单元进行收益概算分析,水稻种植收入共1364 元/亩,小龙虾养殖收入共6300

元/亩,总收入 7664 元/亩,扣除成本 4514 元/亩,虾稻优质高效绿色生产模式收益概算为 3150 元/亩(表 1-3),实际年收入视小龙虾当年的价格行情而定。

表 1-3 虾稻优质高效绿色生产模式收益概算表

类别	产量(千克/亩)	单价(元/千克)	总收入(元/亩)	成本(元/亩)	收益(元/亩)
水稻收入	550	2.48	1364	1150	214
小龙虾收入	175	36	6300	3364	2936
合计			7664	4514	3150

第二节 虾稻优质高效绿色生产的质量标准

(一)稻米安全标准

稻米质量安全风险因子主要涉及 8 类,包括:农药残留、重金属、真菌毒素、食品添加剂、食品营养强化剂、转基因成分、放射性物质、非法添加物以及其他污染物等。根据《中华人民共和国食品安全法》第二十二条:国务院卫生行政部门应当对现行的食用农产品质量安全标准、食品卫生标准、食品质量标准和有关食品的行业标准中强制执行的标准予以整合,统一公布为食品安全国家标准。自 2013 年起国家卫健委会同其他部门,对所有现行食品标准开展全面清理、整合和修订工作。最新的食品安全国家标准在 2016 年陆续发布实施。《食品安全国家标准 食品中农药最大残留限量》(GB 2763—2016)规定了食品中 433 种农药的 4140 项最大残留限量及其检测方法,其中针对稻谷的限量有 110 项,针对糙米的限量有 126 项,针对大米(粉)的限量有 21 项,列于表 1-4。

表 1-4 稻米相关农药残留限量

单位:毫克/千克

残留物	限量	残留物	限量	残留物	限量
阿维菌素	糙米 0.02	己唑醇	糙米 0.1	噻嗪酮	稻谷 0.3、糙米 0.3
百菌清	稻谷 0.2	甲 4 氯(钠)	糙米 0.05	噻唑锌	稻谷 0.2、糙米 0.2
倍硫磷	稻谷 0.05	甲氨基阿维菌素苯甲酸盐	糙米 0.02	三苯基乙酸锡	稻谷 5、糙米 0.05
苯醚甲环唑	糙米 0.5	甲胺磷	糙米 0.5	三环唑	稻谷 2
苯噻酰草胺	糙米 0.05	甲拌磷	稻谷 0.05、糙米 0.05	三唑醇	稻谷 0.5、糙米 0.05
苯线磷	稻谷 0.02、糙米 0.02	甲草胺	糙米 0.05	三唑磷	稻谷 0.05
吡虫啉	糙米 0.05	甲磺隆	糙米 0.05	三唑酮	稻谷 0.5
吡嘧磺隆	糙米 0.1	甲基毒死蜱	稻谷 5	杀虫单	糙米 0.5
吡蚜酮	稻谷 1、糙米 0.2	甲基对硫磷	稻谷 0.2	杀虫环	大米 0.2
苄嘧磺隆	大米 0.05、糙米 0.05	甲基立枯磷	糙米 0.05	杀虫脒	稻谷 0.01、糙米 0.01

残留物	限量	残留物	限量	残留物	限量
丙草胺	大米 0.1	甲基硫环磷	稻谷 0.03	杀虫双	大米 0.2
丙环唑	糙米 0.1	甲基硫菌灵	糙米 1	杀螺胺乙醇胺盐	稻谷 2、糙米 0.5
丙硫多菌灵	稻谷 0.1、糙米 0.1	甲基嘧啶磷	稻谷 5、糙米 2、大米 1	杀螟丹	大米 0.1、糙米 0.1
丙硫克百威	大米 0.2、糙米 0.2	甲基异柳磷	糙米 0.02	杀螟硫磷	大米 1、稻谷 5
丙炔𫓹草酮	糙米 0.02	甲萘威	大米 1	杀扑磷	稻谷 0.05、糙米 0.05
丙森锌	稻谷 2、糙米 1	甲霜灵和精甲霜灵	糙米 0.1	莎稗磷	稻谷 0.1、糙米 0.1
丙溴磷	糙米 0.02	甲氧虫酰肼	稻谷 0.2、糙米 0.1	水胺硫磷	稻谷 0.05、糙米 0.05
草甘膦	稻谷 0.1	腈苯唑	糙米 0.1	四聚乙醛	糙米 0.2
虫酰肼	稻谷 5、糙米 2	精𫓹唑禾草灵	糙米 0.1	四氯苯酞	稻谷 0.5、糙米 1
除虫脲	稻谷 0.01	井冈霉素	稻谷 0.5、糙米 0.5	特丁硫磷	稻谷 0.01
春雷霉素	糙米 0.1	久效磷	稻谷 0.02	调环酸钙	稻谷 0.05、糙米 0.05
稻丰散	糙米 0.2、大米 0.05	抗蚜威	稻谷 0.05	萎锈灵	糙米 0.2
稻瘟灵	大米 1	克百威	糙米 0.1	肟菌酯	稻谷 0.1、糙米 0.1
稻瘟酰胺	糙米 1	喹硫磷	大米 0.2	五氟磺草胺	稻谷 0.02、糙米 0.02
敌百虫	稻谷 0.1、糙米 0.1	乐果	稻谷 0.05	戊唑醇	糙米 0.5
敌稗	大米 2	磷胺	稻谷 0.02	西草净	糙米 0.05
敌敌畏	稻谷 0.1、糙米 0.2	磷化铝	稻谷 0.05	烯丙苯噻唑	稻谷 1、糙米 1
敌磺钠	稻谷 0.5、糙米 0.5	磷化镁	稻谷 0.05	烯啶虫胺	稻谷 0.5、糙米 0.1
敌菌灵	稻谷 0.2	硫酰氟	稻谷 0.05、糙米 0.1、大米 0.1	烯肟菌胺	稻谷 1、糙米 1
敌瘟磷	大米 0.1、糙米 0.2	硫线磷	稻谷 0.02	烯效唑	糙米 0.1
地虫硫磷	稻谷 0.05	氯虫苯甲酰胺	稻谷 0.5、糙米 0.5	烯唑醇	稻谷 0.05
丁草胺	大米 0.5	氯啶菌酯	稻谷 5、糙米 2	硝磺草酮	稻谷 0.05、糙米 0.05
丁虫腈	稻谷 0.1、糙米 0.02	氯氟吡氧乙酸和氯氟吡氧乙酸异辛酯	稻谷 0.2	辛硫磷	稻谷 0.05
丁硫克百威	稻谷 0.5、糙米 0.5	氯氟氰菊酯和高效氯氟氰菊酯	糙米 1	溴甲烷	稻谷 5
丁香菌酯	稻谷 0.5、糙米 0.2	氯化苦	稻谷 0.1	溴氰虫酰胺	稻谷 0.2、糙米 0.2
啶虫脒	糙米 0.5	氯菊酯	稻谷 2	溴氰菊酯	稻谷 0.5
毒草胺	稻谷 0.05、糙米 0.05	氯氰菊酯和高效氯氰菊酯	稻谷 2	亚胺硫磷	稻谷 0.5
毒死蜱	稻谷 0.5	氯噻啉	稻谷 0.1、糙米 0.1	乙草胺	糙米 0.05
对硫磷	稻谷 0.1	氯唑磷	糙米 0.05	乙虫腈	糙米 0.2
多菌灵	大米 2	马拉硫磷	稻谷 8、糙米 1、大米 0.1	乙基多杀菌素	稻谷 0.5、糙米 0.2

残留物	限量	残留物	限量	残留物	限量
多杀霉素	稻谷1	咪鲜胺和咪鲜胺锰盐	稻谷0.5	乙硫磷	稻谷0.2
多效唑	稻谷0.5	醚磺隆	糙米0.1	乙蒜素	稻谷0.05、糙米0.05
剔草酮	稻谷0.05、糙米0.05	醚菊酯	糙米0.01	乙酰甲胺磷	糙米1
恶霉灵	糙米0.1	醚菌酯	稻谷1、糙米0.1	乙氧氟草醚	糙米0.05
剔嗪草酮	糙米0.05	嘧苯胺磺隆	稻谷0.05、糙米0.05	乙氧磺隆	糙米0.05
剔唑酰草胺	稻谷0.05、糙米0.05	嘧啶肟草醚	稻谷0.05、糙米0.05	异丙甲草胺	糙米0.1
二甲戊灵	稻谷0.2、糙米0.1	嘧菌环胺	稻谷0.2、糙米0.2	异丙隆	糙米0.05
二氯喹啉酸	糙米1	嘧菌酯	稻谷1、糙米0.5	异丙威	大米0.2
二嗪磷	稻谷0.1	灭草松	稻谷0.1	异稻瘟净	糙米0.5
呋虫胺	稻谷2、糙米1	灭瘟素	糙米0.1	异剔草酮	糙米0.02
氟苯虫酰胺	稻谷0.5、糙米0.2	灭线磷	糙米0.02	茚虫威	稻谷0.1、糙米0.1
氟吡磺隆	糙米0.05	灭锈胺	糙米0.1	增效醚	稻谷30
氟虫腈	糙米0.02	萘乙酸和萘乙酸钠	糙米0.1	仲丁威	稻谷0.5
氟啶虫胺腈	稻谷5、糙米2	宁南霉素	稻谷0.2、糙米0.2	唑草酮	糙米0.1
氟硅唑	稻谷0.2	哌草丹	糙米0.05	艾氏剂	稻谷0.02
氟环唑	糙米0.5	嗪氨灵	稻谷0.1	滴滴涕	稻谷0.1
氟酰胺	大米1、糙米2	氰氟草酯	糙米0.1	狄氏剂	稻谷0.02
福美双	稻谷0.1、糙米0.1	氰氟虫腙	稻谷0.5、糙米0.1	毒杀芬	稻谷0.01
禾草丹	糙米0.2	噻虫胺	稻谷0.5、糙米0.2	六六六	稻谷0.05
禾草敌	大米0.1、糙米0.1	噻虫啉	稻谷10、糙米0.2	灭蚁灵	稻谷0.01
环丙嘧磺隆	糙米0.1	噻虫嗪	糙米0.1	七氯	稻谷0.02
环酯草醚	稻谷0.1、糙米0.1	噻呋酰胺	稻谷7、糙米3	异狄氏剂	稻谷0.01

需要指出的是,稻米在实际生产中可能引起安全风险的因素数量要多于现有标准所规定的数量。例如农药使用不规范现象较多,农药品种更新换代快,导致现有标准中规定的农药项目数与实际生产使用的农药品种数存在差距。稻米中的污染物种类同样不仅仅是标准中规定的6种,例如:磷化物作为常用的粮仓熏蒸杀虫剂,会造成粮食中有一定水

平的磷化物残留,目前,仅《绿色食品 稻米》(NY/T 419—2014)规定了磷化物的限量要求;常见污染大米的真菌毒素还有呕吐毒素、伏马菌素等,不在食品安全国家标准规定范围之内。但可以预见的是,随着生产力的发展,这些限量标准也将进一步完善。此外,大米作为主要口粮,关乎国家粮食安全,有必要制定针对性和操作性强的安全限量标准,有利于引导稻米生产加工全过程中的质量安全管控,提高我国稻米商品的质量安全水平和国际竞争力。

(二)小龙虾安全标准

对于小龙虾产品,我国于 2002 年就制定了《无公害食品 克氏鳌虾》的产品标准,随着产业和技术发展,历经了整合废止后,目前现行小龙虾相关的产品标准主要是农办质〔2015〕4 号文规定的无公害产品淡水虾类产品的标准,该规定属于无公害农产品认证标准。无公害农产品是指有毒有害物质控制在安全允许范围内,符合《无公害农产品标准》的农产品,或以此为主要原料并按无公害农产品生产技术操作规程加工的农产品,是最基本的市场准入条件。根据无公害淡水虾类的检测目录和限量标准要求,无公害小龙虾安全指标主要涉及兽药残留和重金属两大类,其中兽药类 7 项,重金属 1 项。随着新型污染物的增加、农兽药更新换代,消费者对农产品安全质量的要求提高,这 8 项指标,远无法满足生产中实际需要,因而需要其他相关限量标准作为补充。

整合《动物性食品中兽药最高残留限量》、《无公害食品 水产品中渔药残留限量》(NY 5070—2002)、《绿色食品 虾》(NY/T 840—2012)、《食品中放射性物质限制浓度标准》(GB 14882—1994)、《食品安全国家标准 食品中污染物限量》(GB 2762—2017)、《无公害食品 水产品中有毒有害物质限量》(NY 5073—2006)等标准要求,将小龙虾安全指标范围划分为兽药类、农药类、促生长调节剂类、(重)金属类、有机污染物类、放射性物质类,他们的限量要求及检测方法见表 1-5。

表 1-5　小龙虾安全相关检测指标及其限量要求

序号	项目分类	参数名称	限量(毫克/千克)	判定依据	检测方法
1	兽药类(74 种)	禁用药(18 种):氯霉素、孔雀石绿、呋喃唑酮、呋喃它酮、呋喃西林、呋喃苯烯酸钠及制剂、呋喃妥因及其盐、酯及制剂、癸氧喹酯、达诺沙星、二氟沙星、奥比沙星、米洛沙星、诺氟沙星、培氟沙星、甲磺酸达氟沙星、左氧氟沙星、氨氟沙星	不得检出	农办质〔2015〕4 号、NY 5070—2002、NY/T 840—2012	NY 5029—2001、GB/T 19857、农业农村部 783 号公告-1-2006、农业农村部 1077 号公告-1-2008
		甲氧苄啶	0.05	NY 5070—2002	SN/T 0208

序号	项目分类	参数名称	限量（毫克/千克）	判定依据	检测方法
1	兽药类（74 种）	磺胺类药物（51 种）：磺胺甲氧嘧啶、磺胺 - 5 - 甲氧嘧啶、磺胺嘧啶、磺胺甲基嘧啶、磺胺二甲基嘧啶、磺胺甲恶唑、磺胺对甲氧哒嗪、磺胺氯吡嗪钠、磺胺二甲嘧啶、磺胺喹恶啉、磺胺溴二甲嘧啶钠、磺胺氯哒嗪、磺胺二甲基哒嗪、磺胺乙氧嗪、磺胺噻唑、磺胺苯酰、磺胺醋酰、磺胺甲氧嗪、磺胺间甲氧嘧啶钠、磺胺硝苯、磺胺曲沙唑、磺胺二甲氧嘧啶、磺胺对甲氧嘧啶、磺胺地索辛、磺胺二甲异恶唑、磺胺素嘧啶、磺胺索嘧啶、磺胺二甲氧哒嗪、磺胺吡唑、磺胺甲基异恶唑、磺胺邻二甲嘧啶、磺胺苯吡唑、磺胺二甲氧基嘧啶、磺胺鳞唑、磺胺甲鳞唑、磺胺异鳞唑、磺胺喹沙啉、磺胺甲噻唑、磺胺硝基苯、磺胺恶唑、磺胺 - 6 -（间）甲氧嘧啶、磺胺 - 6 - 甲氧嘧啶、磺胺吡啶、磺胺对二甲氧嘧啶、磺胺甲嘧啶、磺胺甲噻二唑、磺胺间甲氧嘧啶、磺胺邻二甲氧嘧啶、磺胺毗啶、磺胺脒、氨苯磺胺（以总量计）；四环素类：金霉素、土霉素、四环素；沙星类：恩诺沙星	0.1	农办质〔2015〕4号、NY 5070—2002	农业农村部958号公告 - 12 - 2007、SC/T 3015、NY 5029—2001、SC/T 3303—1997、农业农村部783号公告 - 1 - 2006
2	农药类（6 种）	禁用药（4 种）：双甲脒（杀螨剂）、敌百虫、溴氰菊酯、五氯酚钠	不得检出	NY/T 840—2012、农办质〔2015〕4号、NY 5070—2002、农业农村部公告第 235 号	SN/T 0197、农业农村部1077号公告 - 5 - 2008、GB/T 19650—2005、农业农村部783号 - 3 - 2006、GB/T 5009.162、SC/T 3030
		恶喹酸	0.3	NY 5070—2002	SN/T 0206
		氟磺胺草醚	0.1	农办质〔2015〕4号	农业农村部958号公告 - 12 - 2007
3	促生长调节剂类（2 种）	禁用：喹乙醇及其代谢物、己烯雌酚	不得检出	NY 5070—2002	SN/T 0197、农业农村部1077号公告 - 5 - 2008
4	（重）金属类（5 种）	甲基汞、铅、砷、镉	0.5	NY 5073—2006、GB 2762—2017	GB/T 5009.17、GB/T 5009.12、GB/T 5009.11、GB/T 5009.15
		铜	50	NY 5073—2006	GB/T 5009.13
5	有机污染物类（3 种）	石油烃类	15	NY 5073—2006	GB/T 5009.190
		PCB138、PCB153	0.5	NY 5073—2006	GB 17378.6
6	放射性物质类（12 种）	^{3}H、^{89}Sr、^{90}Sr、^{131}I、^{137}Cs、^{147}Pm、^{239}Pu、^{210}Po、^{226}Ra、^{223}Ra、天然钍、天然铀	—	GB 14882—1994	—

第二章　稻田改造

第一节　改造原则

为构建虾稻共作模式而实施的稻田改造，包括环沟开挖、筑埂、设置防逃设施、进排水系统改造、机耕道路和水草种植等内容。2018年，农业农村部办公厅发布通知指出个别地区和从业者片面追求经济利益，出现稻渔综合种养沟坑面积过大、种养环境不达标等情况，影响了产业健康发展。为进一步促进虾稻产业健康规范发展，通知明确要求各地要对近期拟发展的稻渔综合种养主体加强指导和监督，以"稳粮增收"为根本前提，以"不与人争粮，不与粮争地"为基本原则，按照要求对沟坑占比和水稻产量等指标进行严格控制。按照《稻渔综合种养技术规范 通则》中的技术指标和要求，虾稻模式沟坑占比不超过总种养面积的10%，水稻平原地区亩产量不低于500千克、丘陵山区亩产量不低于当地水稻单作平均单产，稻田工程应保证水稻有效种植面积，保护稻田耕作层。

第二节　改造标准

一、环沟

距离稻田田埂内侧1~2米处开挖环沟（保留1~2米宽的平台作为小龙虾觅食区），田块较大时围沟上口宽4~6米，田块较小时上口宽3~4米，下底宽1~2米，沟深1.2~1.5米，坡比1:（1.5~2）。田块较大时可在田中间开挖"一"字形或"十"字形田间沟，沟宽1~2米，沟深0.8米，坡比1:1.5。环沟开挖总体原则为环沟面积不高于稻田面积的10%。（图2-1）

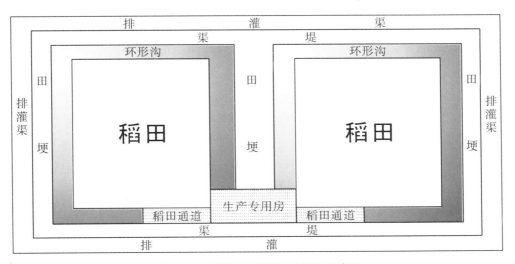

图2-1 虾稻模式田间改造平面示意图

二、筑埂

利用开挖环形沟挖出的泥土加固、加高、加宽原有田埂(图2-2,田埂上可以种植其他农作物来提高土地利用率,增加经济效益)。田埂应高于田面1.0~1.2米,田埂底部宽5~6米,顶部宽2~3米,坡比1:(1.5~2)(黏土地的坡埂不易坍塌,底部可以挖宽一点,坡比1:1.5较合适;壤土淤土的坡埂易坍塌,底部要挖窄一点,形成缓坡,坡比1:2为好)。在围埂和环形沟的基础上,为了更进一步便于管理,建议在稻田四周设置环形子埂(内埂),子埂与环形沟之间最好留间隔0.1~0.3米,这部分区域可以减少子埂的土块坍塌到环形沟里,子埂高度0.3~0.5米,宽度0.5米左右,高度不能过高,要便于小龙虾的爬行和水稻管理,还要考虑到土壤的坚实度。

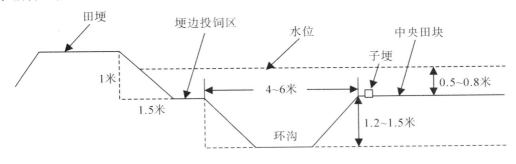

图2-2 虾稻模式田间横断面示意图

三、防逃

为了防止稻田中小龙虾的逃逸,必须在田埂上建设防逃设施。防逃设施常用的有两种,一种是采用砂纸、盐浸膜、铁皮板等材料,下部埋入土中 20 厘米以上,上部高出田埂 50~60 厘米,每隔 1.0~1.5 米用木桩或竹竿支撑固定,拐角呈弧形无死角;第二种是采用麻布网片或尼龙网片或有机纱窗和硬质塑料薄膜共同防逃,在易涝的低洼稻田主要以这种方式防逃。方法是选取长度为 1.5~1.8 米的木桩或毛竹,削掉毛刺,一端削成锥形或锯成斜口,沿田埂将桩与桩之间呈直线排列,田块拐角处呈圆弧形,内壁无凸出物。然后用高 1.2~1.5 米的密网牢固在桩上,围在稻田四周,在网上内面距顶端 10 厘米处缝上一条宽 25~30 厘米的硬质塑料薄膜即可。防逃膜不应有褶,接头处光滑且不留缝隙。

四、进排水

进、排水渠道一般利用稻田四周的沟渠建设而成,尽量做到自流,减少动力取水或排水,降低养殖成本,也可规划新建,独立进、排水,以避免串联发生交叉污染。进、排水口均采用三型聚丙烯管,简称 PPR 管,排水管呈"L"形,一头埋于田块底部,另一头可取下,利用田内水压调节水位,进、排水设施均要做好防逃设施,可用聚乙烯网或铁丝网套住管口,网眼规格以小于田内最小虾苗规格为佳,以不逃虾、不阻水为原则。建好的进、排水渠,要定期进行整修,以保证水灌得进、排得出。

五、机耕道

为方便水稻直播栽插和机械收割,可设 1~2 处作为机耕道,位置以操作方便为宜。环沟预留 30 厘米深的原生土层不挖,埋 1~3 根水泥加筋混凝土管(直径≥0.6 米,一般为 0.6 米或 0.9 米),再用开挖环沟所起的素土回填。机耕道须保证环沟水体相通。

六、水草移植

在虾沟移植伊乐藻或轮叶黑藻。伊乐藻尽可能在 12 月至翌年 1 月底之前完成种植,轮叶黑藻芽苞应在 3 月至 4 月初种植在用围网构建的保护区内,前者的种植量为每亩 15~30 千克,后者的用量为 2~5 千克。若在 3 月种植水草应首先确认草上未带鱼卵,草上带有鱼卵时应先用茶粕浸出液或茶皂素杀灭后再种植。田间水沟和田面上所移栽的水草以 3~5 株为一簇,每簇水草间距为 1~2 米。水草栽下后若水温达 20℃以上时,每亩可泼洒生物有机肥 100 千克,以促进水草的生长。

完成改造工程后的虾稻实景如图 2-3。

图 2-3　虾稻模式田间改造实景图

第三章 虾稻主要模式与技术

第一节 "虾苗 + 稻"模式

"虾苗 + 稻"模式是指在稻田内以生产小龙虾苗种为主要目标同时种植一季水稻的生产模式,主要包括"常规虾苗 + 稻"、"早虾苗 + 稻"和"晚虾苗 + 稻"等三种模式。

一、"常规虾苗 + 稻"模式

该模式生产的虾苗一般在 3 月下旬至 4 月中旬大量上市,市场价格为 20 ~ 50 元/千克。配套水稻种植方式为中稻种植。

(一)水草种植

俗话说"虾多少,看水草""虾大小,看水草"。因此,水草种植是养殖小龙虾的关键因素。水草为小龙虾提供栖息、蜕壳、躲避敌害的良好场所;水草制造氧气,净化水质,吸附水体中的悬浮有机质,改善底质;高温期间,水草可遮阳降温,避免水温升温过快,引起小龙虾应激反应;水草还是小龙虾优质的青饲料,补充维生素及微量元素。一般 4 月初前后放虾苗时水草覆盖面要达 40% ~ 50%。

1. 水草种类

主要是伊乐藻、水花生和水蕹菜三种。一般田面上种植伊乐藻,环沟里移栽水花生,埂边种植水蕹菜。

2. 伊乐藻的种植

伊乐藻(图 3 - 1)原产于美洲,是一种优质、耐低温、速生、高产的沉水植物,为小龙虾提供栖息、蜕壳和隐蔽的好场所,有助于小龙虾蜕壳、避敌和保持较好的体色。长江流域 4—5 月和 10—11 月伊乐藻的生物量最高。其优点是耐低温能力强,5℃ 以上即可生长,植株鲜嫩,叶片柔软,适口性好,再生能力强;其缺点是耐高温能力差,当水温达到 30℃ 时,基本停止生长,也容易臭水,因此覆盖率不宜过大。

图 3 - 1 伊乐藻

（1）种植前准备。①清整环沟:排干环沟内的水,每亩用生石灰 75～100 千克化水泼洒,清除野杂鱼,杀灭病菌,并让环沟底部充分暴晒一段时间,同时做好稻田的修复整理工作。②旋耕土壤:用旋耕机对稻田的田面进行局部条带状翻耕 1 次,疏松土壤,利于伊乐藻栽插和生长。建议距离内埂 6 米左右开始,用旋耕机翻耕 2～4 米,然后间隔 6～8 米再翻耕 2～4 米。③施肥:旋耕土壤时,可以每亩施腐熟有机肥或发酵腐熟粪肥 300～500 千克,作为栽培伊乐藻的基肥。栽培前 5～7 天,注水 10～20 厘米,进水口用 80 目筛绢进行过滤。待水草扎根后,再根据水肥瘦情况,适当补充促进水草生长的肥料。

（2）种植时间。根据伊乐藻在平均水温 5～30℃时都处于正常的生长状态的特点,结合小龙虾生产实际需要,栽培时间宜在 11 月至翌年 1 月中旬。

（3）种植方法。种植原则为分批次、先深后浅;环沟密植、田面稀植;小段横植、平铺盖泥。一般分 2 次移栽,先栽环沟,待环沟伊乐藻成活后再加水淹没田面,在田面上栽种伊乐藻。环沟中伊乐藻呈条状种植,一般只种一行。田面上水草种在翻耕区。伊乐藻的栽培方法主要有 4 种:一是小段横植法,即用 15～20 根长 15～50 厘米（根据实际情况可以适当调整数量和长度）的小段伊乐藻按照株距 1～2 米横向、平铺于田底或沟底,中间盖上适当厚度的稀泥,可使水草更多地与泥土接触,促进生根,并且同时保障了水草的营养和光照需求,避免了栽插法和堆草栽种法的易烂根、烂草以及成活时间长等缺陷。二是堆草栽种法,即将伊乐藻堆成 20 厘米左右一团,每隔 4 米,移栽一团,种时就近用稀泥盖在草窝子中间。三是洒播法,首先将伊乐藻的茎秆切割成长 10～15 厘米的播穗,在田面水抽干后,立即进行洒播;随后,用笤帚轻拍伊乐藻播穗,使其浅埋于泥浆中,经过 10～20 小时沉淀,泥浆基本凝固后,向稻田注入深 5 厘米左右的浅水即可。洒播时,千万不可整田均匀洒播,要呈条带状洒播,要求条带宽度控制在 30 厘米以下,条带之间的间距 6～8 米;条带中的播穗要尽可能分布均匀,不可堆积在一起。四是栽插法,首先将伊乐藻茎秆切成长 10 ~ 15 厘米的插穗,然后将插穗 3 ~ 5 根为一束插入泥中,栽插深度在 2 ~ 3 厘米。可采用单行或双行栽插,单行栽插时,株距控制在 10 ~ 15 厘米,行距控制在 6 ~ 8 米;双行栽插时,株距控制在 10 ~ 15 厘米,小行距控制在 20 ~ 25 厘米,大行距控制在 6 ~ 8 米。栽插时,田面水深度建议控制在 5 ~ 10 厘米。

3. 水花生的种植

水花生(图 3 - 2)又称空心莲子草、喜旱莲子草,因其叶与花生叶相似而得名。水花生是水生或湿生多年生宿根性草本挺水植物,茎长可达 1.5 ~ 2.5 米,其基部在水中匍生蔓延。水花生原产于南美洲,在我国长江流域各省的水沟、水塘、湖泊中均有野生分布。水花生适应性极强,喜湿耐寒,适应性强,抗寒能力也超过空心菜、轮叶黑藻等水生植物,能自然越冬,气温上升至 10℃ 时即可萌芽生长,最适生长气温为 22 ~ 32℃。5℃ 以下时水上部分枯萎,但水下茎仍能保留在水下不萎缩。水花生秋末可以形成冬芽越冬,能为小龙虾蜕壳提供隐蔽场所,其根须是小龙虾的优质饵料。

图 3 - 2 水花生

(1)种植时间。一般在水温达到 10℃ 以上时向稻田环沟内移植,从 2 月起到 7 月间均可移植。

(2)种植方法。水花生的栽培方法主要有 4 种:一是固定种植法,即在环沟斜坡处成簇种植在土里,约每 8 米栽一大簇,用竹竿与水花生下部绑定,将竹竿插入水底,使水花生底部在池底生根,并防止水花生成毯状漂浮。二是挖穴种植法,在环沟斜坡或底部挖穴,每隔 2 米种植 1 行,每株间距 0.5 米左右,每穴种草 0.5 千克左右,种好后用泥盖好。三是拉绳种植法,即选择生长健壮、每节有 1 ~ 2 个嫩芽和须根的植株作种,将草切成 70 ~ 90 厘米长茎段,3 ~ 5 根为一束系在固定于水面的绳上即可。夹好植株后,调整绳的高度,使植株嫩芽露出水面为度。四是围圈种植法,即用竹、木等材料做成围圈并进行固定,种草散养在围圈内,由于根不固定,可随时捞出,管理方便。

4.水蕹菜的种植

水蕹菜(图3-3)为旋花科一年生水生植物,又称空心菜,属水陆两生植物。水蕹菜的根是小龙虾非常喜欢吃的食物。

图3-3 水蕹菜

(1)种植时间。一般在4月初进行播种种植。

(2)种植方法。4月初,在田埂上种植水蕹菜,每隔5米种1棵,定期施用肥料,促进水蕹菜生长,使其植株延伸至水面,可作为浮水植物,高温期间可为环沟遮阴降温。

(二)水稻种植

1.稻种选择

稻种选择叶片开张角度小、抗病虫害、耐肥性强、可深灌、株型适中的紧穗型中稻品种,要求水稻生长期120天左右,优先推荐鄂香2号、福稻88、玉针香、华润2号、香润1号、鄂丰丝苗等高档优质稻品种。

2.田面整理

6月1日左右开始整田。整田的标准是上软下松,泥烂适中。高低不过寸,寸水不漏泥,灌水棵棵到,排水处处干。

3.秧苗栽插

6月上中旬完成秧苗栽插,栽插方式建议手栽或者机插。栽插时,采取浅水栽插,条栽与边行密植相结合的方法。移植密度以30厘米×15厘米为宜,以确保小龙虾生活环境通风透气性能好。可通过人工边行密植弥补田间工程占地减少的穴数。秧苗栽插也可以采取水直播的方式,但是后期管理中要采取措施防止倒伏。

水直播是目前我国应用最广泛的一种水稻直播方式,具有整地省工、田苗容易整平的优点,因此现在很多养殖户采用水直播的方式进行水稻种植。为了避免水直播的方式造成水稻倒伏,建议在破胸芽谷播下一天后,将水位降到低于田面20厘米,晒田15天,促进秧苗深扎根。15天后,及时复水。

4. 晒田

晒田时应根据不同栽期、不同土壤类型、水源条件、田间苗情按"苗够不等时、时到不等苗"的原则适时晒田(一般水稻移栽后25～30天)。需要按田块长势等条件来决定晒田时间,不能一概而论。在水稻分蘖末期,秧苗壮,早插秧的田块已达到预期株数的80%时,就可以晒田了。晒田应按照看田、看苗、看天气的原则来确定晒田程度,以"下田不陷脚,田间起裂缝,白根地面翻,叶色褪淡,叶片挺直"为晒田标准(图3-4)。长势旺盛、茎数足、叶色浓的稻田要早晒田、重晒田,反之,禾苗长势一般、茎数不足、叶片色泽不浓绿的,采取中晒、轻晒或不晒。肥田、低洼田、冷浸田宜重晒田,反之,瘦田、高岗田应轻晒田。碱性重的田可轻晒或不晒。土壤渗漏偏重的稻田,采取间歇灌溉方式,一般不必晒田。稻草还田或施入大量有机肥,发生强烈还原反应的稻田必须晒田。晴天气温高、蒸发蒸腾量大,晒田时间宜短,天气阴雨应早晒,时间宜长些。晒田要求排灌迅速,既能晒得彻底,又能灌得及时。但要注意若晒田期间遇到连续降雨,应疏通排水,及时将雨水排出,不积水。晒田后复水时,不宜马上深灌、连续淹水,要采取间歇灌溉的方式。

图3-4 晒田至白根外露

5. 施肥

随着虾稻共作模式年限延续,逐步下调氮肥用量。虾稻共作前5年,每年施氮量相对上一年度下降约10%,虾稻共作5年及以上的稻田,中籼稻施氮量稳定维持在常规单作施氮量的40%～50%。氮肥按4:3:3(即基肥40%,返青分蘖肥30%,穗肥30%)的比例运筹施用;钾肥按6:4(即基肥60%,穗肥40%)的比例运筹施用。硅肥施用量为SiO_2 1千克/亩左右,锌肥施用量为Zn 0.1千克/亩左右,全部作基肥。具体见表3-1至表3-5。

表 3-1 虾稻共作模式第 1 年水稻氮、磷、钾及硅、锌肥平均施用量推荐表

虾稻共作模式区域	N(千克/亩)	P₂O₅(千克/亩)	K₂O(千克/亩)	SiO₂(千克/亩)	Zn(千克/亩)
鄂东/东南/东北低丘区	9.8	4.0	5.5	1	0.1
江汉平原区	11.5	3.6	6.0	1	0.1
鄂中丘陵区	9.8	3.8	5.5	1	0.1
鄂西北/西南区	10.6	4.0	6.4	1	0.1

表 3-2 虾稻共作模式第 2 年水稻氮、磷、钾及硅、锌肥平均施用量推荐表

虾稻共作模式区域	N(千克/亩)	P₂O₅(千克/亩)	K₂O(千克/亩)	SiO₂(千克/亩)	Zn(千克/亩)
鄂东/东南/东北低丘区	8.8	3.6	5.0	1	0.1
江汉平原区	10.4	3.3	5.4	1	0.1
鄂中丘陵区	8.8	3.4	5.0	1	0.1
鄂西北/西南区	9.6	3.6	5.7	1	0.1

表 3-3 虾稻共作模式第 3 年水稻氮、磷、钾及硅、锌肥平均施用量推荐表

虾稻共作模式区域	N(千克/亩)	P₂O₅(千克/亩)	K₂O(千克/亩)	SiO₂(千克/亩)	Zn(千克/亩)
鄂东/东南/东北低丘区	7.9	3.3	4.5	1	0.1
江汉平原区	9.3	2.9	4.8	1	0.1
鄂中丘陵区	7.9	3.1	4.5	1	0.1
鄂西北/西南区	8.6	3.3	5.2	1	0.1

表 3-4 虾稻共作模式第 4 年水稻氮、磷、钾及硅、锌肥平均施用量推荐表

虾稻共作模式区域	N(千克/亩)	P₂O₅(千克/亩)	K₂O(千克/亩)	SiO₂(千克/亩)	Zn(千克/亩)
鄂东/东南/东北低丘区	7.1	2.9	4.0	1	0.1
江汉平原区	8.4	2.6	4.3	1	0.1
鄂中丘陵区	7.1	2.8	4.0	1	0.1
鄂西北/西南区	7.7	2.9	4.6	1	0.1

表 3 - 5　虾稻共作模式 5 年及以上水稻氮、磷、钾及硅、锌肥平均施用量推荐表

虾稻共作模式区域	N(千克/亩)	P_2O_5(千克/亩)	K_2O(千克/亩)	SiO_2(千克/亩)	Zn(千克/亩)
鄂东/东南/东北低丘区	6.4	2.6	3.6	1	0.1
江汉平原区	7.6	2.4	3.9	1	0.1
鄂中丘陵区	6.4	2.5	3.6	1	0.1
鄂西北/西南区	7.0	2.6	4.2	1	0.1

6. 水位控制

整田至插秧期间保持田面水位 5 厘米左右;插秧后,前期做到薄水返青、浅水分蘖、够苗晒田,晒田时环沟水位低于田面 20 厘米左右;晒田后湿润管理,田面水位逐渐加至 25 厘米左右;孕穗期保持一定水层;抽穗以后采用干湿交替管理,遇高温灌深水调节水温。

7. 病虫害防治

坚持"预防为主,综合防治"的原则,优先采用物理防治和生物防治,配合使用化学防治。应选用高效、低毒、低残留农药,不得使用有机磷、菊酯类的高毒、高残留杀虫剂和对小龙虾有毒的氰氟草酯、**莎**草酮等除草剂。

(1)物理防治。每 30~50 亩安装一盏频振式杀虫灯诱杀成虫(图 3 - 5)。

图 3 - 5　频振式杀虫灯

(2)生物防治。利用和保护好害虫天敌,使用性诱剂诱杀成虫,使用杀螟杆菌及生物农药 Bt 粉剂防治螟虫。

(3)化学防治。重点防治好稻蓟马、稻飞虱、稻纵卷叶螟、螟虫等害虫。

(4)稻田病虫害防治安全用药详细见表 3 - 6。

表3-6 稻田主要病虫害防治措施表

病虫害	防治时期	防治药剂及用量	用药方法
稻蓟马	秧田卷叶株率15%,百株虫量200头,大田卷叶株率30%,百株虫量300头	吡蚜酮4克/亩	喷雾
稻飞虱	卵孵高峰至1～2龄若虫期	噻嗪酮7.5～12.5克/亩;吡蚜酮4～5克/亩;噻虫嗪0.4～0.8克/亩	喷雾
稻纵卷叶螟	卵孵盛期至2龄幼虫前	氯虫苯甲酰胺2克/亩;苏云金杆菌250～300毫升/亩	喷雾
二化螟 三化螟 大螟	卵孵高峰期	氯虫苯甲酰胺2克/亩;苏云金杆菌250～300毫升/亩	喷雾
秧苗立枯病	秧苗2～3叶期	咯菌腈5～6克/亩;敌克松60～65克/亩	喷雾
纹枯病	发病初期	井冈霉素10.0～12.5克/亩;丙环唑7.5克/亩;嘧菌酯-戊唑醇7.5克/亩	喷雾
稻曲病	破口前3～5天	戊唑醇8克/亩;嘧菌酯-戊唑醇7.5克/亩	喷雾

8. 水稻收割

在10月上旬左右开始进行稻谷收割,收割时建议留茬40～50厘米。另外,将稻田内散落的稻草集中起来,在田面上堆成一个个小草堆(图3-6)。

图3-6 将散落的稻草集中堆成小草堆

（三）小龙虾繁殖

1.繁殖模式

繁殖模式包括投放幼虾模式和投放亲虾模式。无论是幼虾还是亲虾,均要求在就近的养殖基地选购,运输时间越短越好。除特殊情况外,要求运输时间不超过2小时。

（1）投放幼虾模式。3月下旬至4月中旬投放幼虾,4月至6月中旬为成虾养殖期,6月中旬至8月底为留种、保种期,9月为繁殖期,10月至翌年4月为苗种培育期。

幼虾质量:群体规格整齐;体色为青褐色最佳,深红色亦可,要求色泽鲜艳;附肢齐全、体表无病灶;反应敏捷,活动能力强（图3-7）。

图3-7　优质幼虾

幼虾投放量:投放规格在3~4厘米的幼虾5000~8000只/亩。

（2）投放亲虾模式。8月底前投放亲虾,9月为繁殖期,10月至翌年4月为苗种培育期,4月至6月中旬为成虾养殖期,6月中旬至8月底为留种、保种期。

亲虾质量:附肢齐全、无损伤、体格健壮、活动能力强;体色为暗红色或深红色,有光泽,体表光滑无附着物;体重35克以上;建议雌雄亲本来自不同地区（图3-8）。

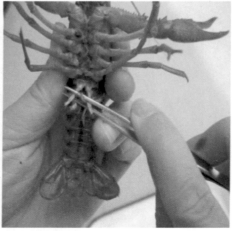

图3-8　亲虾（左雌虾、右雄虾）

亲虾投放量:亲虾投放量为 25～30 千克/亩,第二年可从异地适当补充亲虾 10～15 千克/亩。

2. 幼虾、亲虾运输与投放

(1)幼虾、亲虾运输。目前,普遍采用干法运输小龙虾,幼虾、亲虾的供应也多以短途运输为主。半小时左右的运输时间一般不会造成明显损耗。1～2 小时的运输时间需要适当注意,装虾的工具应当使用可透水的塑料框,并在框内设置密眼无节网片将虾体与塑料框隔开以减少擦伤,每半小时喷水一次保持虾体湿润;小龙虾堆叠的高度不宜超过 15 厘米。超过 2 小时的运输距离,小龙虾堆叠高度应控制在 10 厘米以内,喷水时应添加抗应激物质,有条件的应在小龙虾上下两层覆盖少量水草帮助保湿。气温高时使用空调车运输的,要注意温度的变化,防止小龙虾放养时小龙虾体温与水温差距过大产生温度应激造成大量损耗;气温高时,要尽量在早上 7:00 前下塘。

(2)幼虾、亲虾投放。在幼虾、亲虾放养前 1 小时泼洒优质的解毒抗应激的产品提高放养成活率。如运输时间较长,放养前须进行如下操作:先将虾在稻田水中浸泡 1 分钟左右,提起搁置 2～3 分钟,再浸泡 1 分钟,再搁置 2～3 分钟,如此反复 3 次,让虾体表和鳃腔吸足水分,再将虾均匀取点、分开轻放到浅水区或水草较多的地方,让其自行进入水中(图 3-9,深水区投放为错误的投放方法)。一次投放幼虾、亲虾较多时不必进行上述操作,避免耽误投放时间导致成活率过低。另外谨慎采用食盐水或聚维酮碘溶液等药物浸泡幼虾、亲虾。

图 3-9 错误的小龙虾投放方法(深水区投放)

3. 饲料投喂

幼虾或亲虾投放后开始强化投饵,日投饵量为稻田虾总重的 1%～8%,具体投饵量应根据天气和小龙虾的摄食情况调整(图 3-10)。饵料种类包括麸皮、米糠、饼粕、豆渣等植物性饵料,专用配合饲料,绞碎的螺蚌肉、屠宰场的下脚料等动物性饵料。饲料要求早晚投喂,其中早晨投喂量为30%,傍晚投喂量为70%。

10月至翌年4月苗种培育期间,应定期肥水培育天然饵料生物供小龙虾摄食。稻田内天然饵料不足时,可适量补充绞碎的螺蚌肉、屠宰场的下脚料等动物性饵料或用小龙虾苗种专用配合饲料投喂。除了水面结冰的天气,其他天气,只要水中有虾,就要坚持投喂。

图3-10 检查小龙虾摄食情况

4.繁殖管理

(1)水位控制。1—2月,水位控制在田面上50厘米左右;3月后水位控制在20~30厘米;4月中旬之后,水位控制在50厘米左右;6月初整田前降低水位至5厘米左右。6—9月水位控制参照水稻种植的水位控制。稻谷收割前应排水,促使小龙虾在环沟中掘洞,最后环沟内水位保持在80~100厘米。稻谷收割后立刻加水至田面湿润,2天后降低水位至低于田面20~30厘米,7~10天后田面长出青草后开始加水,随后草长水涨。11月之前,水位控制在田面上30厘米左右;11—12月,水位逐渐加至田面上40~50厘米。在霜冻天气,除非水位下降超过20厘米,否则不要加水,更不要换水。被迫加水时也要尽可能选择晴朗天气、水温相对较高时加水。

(2)水质调节。头一年10月至翌年3月为苗种繁育期,期间通过施肥、使用微生物制剂、加水、换水等措施,水体透明度始终控制在25~35厘米。4—9月根据水色、天气和小龙虾的活动情况,适时加水、换水来调节水质,使水体透明度始终控制在35~45厘米。总之,按照"肥水育苗、清水养虾"的理念,确保"半年肥水、半年瘦水"。

稻田肥水的特点在于通过补菌补藻可以把水稻秸秆腐烂沤出的有机肥合理应用,变废为宝。所以稻田肥水要考虑多补菌(产纤维素酶的有益菌,如产酶芽孢杆菌等)、补藻(低温生长良好的藻类),通过提肥的方式,把稻田已有的肥力利用起来,达到肥水目的。

(3)水草管理。水草保持在养殖面积的50%左右,水草过多时及时割除,水草不足时及时补充。

伊乐藻:伊乐藻栽种后5～10天就能生出新根和嫩芽,3月就能形成优势种群。平时可按照逐渐增加水位的方法加深田面水位,根据稻田的肥力情况适量追施肥料、氨基酸肥水膏和长根肥等以保持伊乐藻的生长优势。根据伊乐藻一旦露出水面后就会老化而死亡破坏水质的特性,应及时刈割,增强通风透光,促进水体流动,增加池水溶氧量,加快水草根系生长。刈割方式主要有两种:一是呈"十"字状刈割,适合面积相对较小的稻田;二是呈"井"字状刈割,有的连根拔起,适合面积相对较大的稻田。在割除顶端茎叶时应注意两个方面:一是4月中旬至5月底刈割,一般割草2次,每次割至水位一半左右的深度;二是刈割时不能全池一次割,最好两边向中央分次割,第一次割草后应待水清后再割第二次,这样操作有利于伊乐藻的光合作用与生长。

水花生:对于浮于环沟水面的水花生断枝,要及时清理,避免腐烂败坏水质。

水蕹菜:当水蕹菜生长过密或发生病虫害时,要及时割去茎叶,让其再生,以避免对小龙虾养殖造成影响。

(4)巡田。经常检查小龙虾的进食情况、有无病害、防逃设施有无破损并检测水质等,发现问题及时处理。

(5)留种、保种。投放幼虾模式的,在进行成虾捕捞时,必须采取留种、保种的技术措施。建议当成虾日捕捞量在0.5～1.0千克/亩时即停止捕捞,剩余的虾用来培育亲虾。投放亲虾模式的,在第二年进行成虾捕捞时,同样必须采取留种、保种的技术措施。

保种的措施包括:①田间工程改造时,在靠近环沟的田面筑一圈高0.2～0.3米、宽0.3～0.4米的子田埂(内埂),将田面和环沟分隔开,避免整田、施肥、施药对小龙虾造成伤害,为小龙虾的生长繁殖提供所需的生态环境(图3-11)。②开挖环沟时适当增加环沟深度和宽度,确保晒田和稻谷收割时环沟内有充足的水,避免虾因温度过高或密度过大导致死亡。③确保水草种植面积不低于50%,以降低水体温度,避免小龙虾过早性成熟,并为小龙虾蜕壳提供充足的隐蔽场所。

图3-11 分隔田面和环沟的子田埂(内埂)

（6）繁殖。①适量补充动物性饵料或高蛋白专用配合饲料，日投饵量以亲虾总重的1%为宜，以满足亲虾性腺发育的需要。②适当移植凤眼莲、浮萍等漂浮植物以降低水体光照强度，达到促进亲虾性腺发育的目的。漂浮植物覆盖面积宜为环沟面积的20%左右。③适量补充莴苣叶、卷心菜、玉米等富含维生素E的饵料以提高亲虾的繁殖能力。

（7）水稻收割后上水。收割水稻时间一般在9月中旬至10月中上旬。水稻收割建议稻茬留40厘米左右，不建议立刻上水，稻秆未晒干直接上水的，3～4天水就开始发黑发臭。所以稻秆建议晒7～10天，然后10～15米耙成堆，不至于上水后水很快发黑发臭，也可以在越冬的时候让虾苗躲在里面，同时缓慢地释放肥力。内埂比较高的，有条件的田面先加水10厘米，然后按30～40千克/亩均匀撒生石灰，用于杀灭青苔孢子、软化稻秆促进腐化。上述工作做好后，抽检洞中抱卵虾的情况，如大部分已经抱卵，及时上水，直到淹没内埂。

5. 虾苗捕捞

（1）捕捞时间。从3月下旬开始，到4月中旬结束。

（2）捕捞工具。主要是地笼，网眼规格宜为1.6厘米左右。

由于捕捞小龙虾最常见的工具是地笼，因此养殖户有必要了解地笼的种类以及各自的捕捞特点。目前，市场上用于捕捞小龙虾的地笼大致可以分为甩笼（短笼），滚笼（长笼）两种。

一是甩笼。市面上比较常见的是长度为3～5米的甩笼，这种甩笼优点是使用非常方便，不必下水，站在岸边就可以直接抛到稻田的环沟里，起捕小龙虾也十分方便。缺点是由于长度的限制，起捕小龙虾的数量往往比滚笼少很多，而且在起捕小龙虾的高峰期的3—5月，小龙虾大多在稻田内的田面上活动，此时使用甩笼起捕小龙虾的效果会大打折扣。不过，在高温期的6—8月，稻田内的田面上已经种植了水稻，此时小龙虾大多生活在环沟，使用甩笼起捕小龙虾就会有较好的效果。在长江中下游平原、江汉平原等平原地区，甩笼是每个虾稻田的必备之物，因为前期要检查稻田内虾苗的规格是否达到大量上市的要求，就需要放一些甩笼在环沟里，观察虾苗的生长情况，如果达到上市的要求，就可以换上滚笼大量捕捞。在山区、丘陵地区，由于稻田面积以3～5亩的小面积稻田为主，而且稻田的形状普遍不太规则，可以全部选择甩笼进行小龙虾的捕捞。

二是滚笼。以出售虾苗为主的稻田，当甩笼检查虾苗规格达到上市的要求时，就选择2.0网眼＋4.0网眼规格的两用滚笼大量开始捕捞虾苗，前期虾苗价格高，可以适当增加地笼数量，建议2～4个/亩，因为虾苗的高价期持续时间不会很长。另外，要注意适当留苗，为养殖成虾出售做好准备。当虾苗达到成虾上市要求的规格，前期建议使用3.5网眼规格（起3.5钱以上）尾巴的滚笼进行捕捞，中后期使用4.0网眼规格（起4钱以上）尾巴的滚笼进行捕捞。这样不仅前期的虾苗卖出了好价格，而且降低了稻田内小龙虾的密度，降低了暴发五月瘟的风险。没有虾苗出售的新稻田，建议直接选4.0网眼规格的滚笼进行成虾的捕捞。

（3）捕捞方法。捕捞初期,直接将地笼放于稻田及环沟之内,隔几天转换一个地方（图3-12）。除了抱卵虾和抱仔虾回田,其他所有捕起的小龙虾全部出售。

图3-12　地笼捕捞虾苗

由于清明节前虾苗价格较高,清明节后虾苗价格开始明显下跌,因此养殖户一定要把握好卖苗时机,千万不要惜售,不要想着等长大点了再卖,因为虾苗密度过高怎么喂它都不会长,而且价格还会一天天下跌,另外虾苗之间相互残杀现象也很严重。及时卖苗才能为剩下的虾苗提供充足的生长空间,虾苗才能快速生长。要抓住虾苗价格高的时机,适当增加地笼密度多起捕,这样才能获得较高的产量和效益。

二、"早虾苗+稻"模式

该模式生产的虾苗一般在3月上旬至3月下旬大量上市,市场价格50~80元/千克。配套水稻种植方式为中稻种植。

由于3月上旬市场上虾苗的供应量较少,虾苗集中上市的时间基本上是3月底到4月初,此时整个苗价呈下降的趋势,因此虾苗上市越早价格越高,利润越大。

(一)水草种植

相比"常规虾苗+稻"模式,"早虾苗+稻"模式要求种草时间提前15~30天。

1.水草种类

主要是伊乐藻、菹草、水花生和水蕹菜四种。一般田面上种植伊乐藻或菹草,环沟里移栽水花生,埂边种植水蕹菜。

2.种植时间

结合生产早虾苗的实际需要,伊乐藻、菹草栽培时间宜在10月中下旬至11月;一般田面上水10~20厘米,泡田3~5天后栽草,水草扎根后及时撒促进水草生长的专用肥料。水花生和水蕹菜种植时间同"常规虾苗＋稻"模式。

3. 种植方法

（1）菹草的种植。菹草（图3-13）又叫虾藻、虾草、麦黄草，多年生沉水植物，分布我国南北各省，可作鱼虾的饲料或绿肥。菹草生于池塘、湖泊、溪流中，静水池塘或沟渠较多，水体多呈微酸性至中性。菹草生命周期与多数水生植物不同，它在秋季发芽、冬春生长，4—5月开花结果，夏季6月后逐渐衰败腐烂，同时形成鳞枝（冬芽）以度过不良环境。冬芽较坚硬，边缘具有齿，形如松果，在水温适宜时再开始萌发生长。菹草和伊乐藻相比，具有三大优势：一是时间早，9月起即可播种，3月时，生长已极为茂盛，可以为早批虾苗提供优越的外部生活环境。二是适口性好，菹草的茎叶比较鲜嫩，当菹草和伊乐藻同处一水体时，缺食时小龙虾首先会吃掉菹草。三是可控性强，菹草主要靠根部来生存，一旦连根拔起，其残存下来的无根茎叶便不能生存，这与伊乐藻、轮叶黑藻等的繁殖方式有很大的不同。

菹草的种植方式有两种：①种子撒播。9—11月，直接撒播菹草的草籽（麦黄角）在水中，水位保持在30厘米左右，每亩3千克左右。可条播，每条宽4米左右，后留4米宽的空白区，如此循环。也可与伊乐藻混播，菹草一条播4米宽，隔4～6米栽一条伊乐藻（伊乐藻兜距4～6米，每兜直径30厘米左右），再隔4～6米播菹草，如此循环。②幼苗扦插。3月起，连根拔出幼苗，带根插入。不建议作为主养水草，建议作为配草使用。直接补入空白处即可。行株距1米×1米。

图3-13　菹草

（2）伊乐藻、水花生和水蕹菜的种植。这三种水草种植方法参见"常规虾苗＋稻"模式中水草种植部分相关内容。

（二）水稻种植

稻种选择参见"常规虾苗＋稻"模式，建议水稻生育期稍短一些，最好95～100天。5月15—20日开始整田。5月20—25日用水直播的方式完成秧苗栽插，也可以采用手栽或者机插的栽插方式完成秧苗栽插。

采用水直播的方式进行秧苗栽插的,7月初左右开始晒田,晒田时间10～15天,水稻收割一般在9月上旬进行。采用手栽或者机插的方式进行秧苗栽插的,晒田和水稻收割时间一般提前25～30天。晒田、施肥、水位控制、病虫害防治和水稻收割等方面其他操作参考"常规虾苗＋稻"模式执行。

(三)小龙虾繁殖

1.繁殖模式

繁殖模式同样包括投放幼虾模式和投放亲虾模式。

(1)投放幼虾模式。3月上旬至中旬投放幼虾,3月中旬至5月上旬为成虾养殖期,5月中旬至7月底为留种、保种期,8月为繁殖期,9月至翌年3月为苗种培育期。幼虾质量和投放量参考"常规虾苗＋稻"模式执行。

(2)投放亲虾模式。8月底前投放亲虾,9月为繁殖期,10月至翌年3月中旬为苗种培育期,3月中旬至5月上旬为成虾养殖期,5月中旬至7月底为留种、保种期。

选择亲虾时最需要注意的事情就是要在9月之前完成,适当早投亲虾对出早苗更有利。进入9月温度下降,此时能捕捉到的小龙虾大部分都是性腺发育较差而没进洞繁殖的。建议在6月至8月底投放亲虾,投放量为25～30千克/亩。亲虾选20～30克黑红虾最适宜,太小或青色虾的性腺发育不完全,需要继续投喂促进性腺发育,规格太大的成本高。为了合理利用田面的空间,田面和环沟里均可放种虾。高温期放亲虾成活率相对偏低,其主要原因是该阶段小龙虾应激反应很强烈,此时须注意,放亲虾时需要使用抗应激药物,连续2天使用2遍,之后使用聚维酮碘杀菌,以确保成活率。

2.饲料投喂

(1)仔虾投喂。仔虾,是小龙虾刚破卵出膜时的形态,称为蚤状幼体,体型小,形似小型浮游动物里的水蚤而得名。这个阶段的小龙虾非常脆弱,依靠其卵黄中的营养维持生存,如果在自身营养消耗完之前没有吃到合适的开口饵料,则仔虾就会死亡。故秋冬季培育仔虾,开口饵料,是决定春季"出早苗"的关键。轮虫和枝角类等浮游动物,因其高含量的动物蛋白、均衡的营养,最适合作为仔虾的开口饵料。生产中一般采取使用生物渔肥、氨基酸肥水膏等快速肥水的方式,培育轮虫、枝角类为仔虾提供充足的开口饵料。越冬期坚持每天投喂,少量多次原则,投喂以虾苗能摄食的粉状饵料为主,稍大的虾苗可以投喂小颗粒料。

(2)幼虾投喂。幼虾投放后开始强化投饵,为了幼虾早上市,建议选择30蛋白以上的高蛋白饲料。春季水温超过12℃之后,小龙虾开始活动频繁,如果不注意投喂,小龙虾对水草的影响很大。小龙虾夹完草后,没吃掉断茎的就会留在水中到处漂移,遇到泥土继续长根、发芽。很多以伊乐藻为主的稻田的水草就是这样疯长起来的。"小龙虾不夹草,不急投料;小龙虾要夹草,赶紧加料。"如果没有及时投料或加料,可能就会引起小龙虾大量夹草导致后期水草封塘的现象。具体投饵量应根据天气和小龙虾的摄食情况调整。

（3）亲虾投喂。一只成熟母虾的平均怀卵量在 200～300 粒，具体怀卵量与亲虾的大小和营养状况息息相关。一般来说亲虾个体越大，其怀卵量越大；亲虾肉质越紧实丰满，则其怀卵量越大。另外，亲虾的营养水平对虾卵的发育程度和虾卵表面黏液的黏性有很大影响。母虾的营养水平高，则虾卵发育速度越快，通过水位刺激，母虾越快进入抱卵虾阶段，并且母虾营养充足，虾卵表面黏液分泌更充足，在母虾活动过程中卵粒黏附于母虾腹部，不易脱落，则受精卵孵化率更高，仔虾出苗量更大；反之，母虾营养水平低，虾卵粒黏性不足，在母虾活动过程中，卵粒易脱落，造成受精卵孵化率低，仔虾出苗量少。因此要通过投喂促使亲虾育肥，有利于提高母虾的怀卵量及受精卵孵化率。亲虾投喂建议选择 32 蛋白以上的高蛋白饲料，另外还应适量补充动物性饵料及莴苣叶、卷心菜、玉米等富含维生素 E 的饵料以提高亲虾的繁殖能力。

3. 繁殖管理

（1）水位控制。水位控制参考"常规虾苗＋稻"模式执行，但是在晒田时水位控制有不同要求。建议晒田时先用 1～2 天将水位快速降到低于田面，让稻田中的小龙虾尽量随水退入环沟；然后用 5～7 天将环沟水位缓慢下降至 20 厘米左右，目的是促进小龙虾性腺发育并分层打洞。在降水的过程中可以沿水线使用木棒制造出 15～20 厘米深的人工洞穴，给小龙虾提供半成品洞穴。小龙虾只需要继续打洞并把洞口用泥封住即可，这样有利于保存小龙虾体力。

（2）水质调节。对于水稻收割后已上水的稻田，根据稻草腐烂情况，及时用有益菌调水，保持水质清爽，藻相丰富。

养殖户都知道肥水不容易长青苔，其实肥水的好处不仅仅是不容易长青苔，当稻田里的水肥起来后，水体中就会有丰富的浮游植物和浮游动物供虾苗摄食；浮游植物通过光合作用会产生大量的溶解氧，可以满足虾苗的生长需求，促进其快速生长；同时肥水还可以提供一个相对稳定的水环境，减少虾苗的应激，从而减少病害发生。据了解，在冬季气温较低的情况下，水肥的稻田和水瘦的稻田相比，其水温会高出 3℃ 左右，因此在摄食强度和生长速度方面，低温期肥水显然对虾苗更有利。稻田上水以后，早批的虾苗就会随水流出洞。1～2 厘米的虾苗以滤食性为主，摄食浮游植物、浮游动物、底栖动物以及有机碎屑等。因此一旦水体清瘦，虾苗的食物来源就明显不足，就会影响其生长速度和体质。生产中，稻田上水后一定要及时肥水，为刚出洞的虾苗提供一个食物充足、营养丰富、水质稳定的水体环境（图 3－14）。

越冬期多肥水培藻，坚持少量多次原则，通过肥水给虾苗提供充足的天然饵料。其他时间根据水中肥料消耗情况及时补充肥水膏、发酵好的有机肥等，保持藻相。对于极度贫瘠的稻田，可补充硅藻种和小球藻种。相关要求参考"常规虾苗＋稻"模式执行。

图 3 - 14　秋冬季肥水

（3）水草管理。伊乐藻、水花生和水蕹菜的管理方法参考"常规虾苗＋稻"模式执行。菹草的管理应注意以下三个方面：

一是极易封塘。菹草因其适应性强，抗病害能力强，生长速度快，特别是早春没有其他水草存在的状态下，种群优势极大，若不加以控制，很容易疯长，导致封塘。这是要特别予以重视的，一定要提前预防。

二是翌年麦黄角（图 3 - 15）成灾。由于麦黄角不易被小龙虾摄食，因此，形成麦黄角后，很容易存活下来，翌年留下来的麦黄角会非常多。所以，要么在形成麦黄角之前除掉大部分麦黄草，要么形成麦黄角后捞出一部分。当然，麦黄角太多时，也可以对外销售。

三是死亡时坏水严重。进入 5 月，菹草进入衰败期，此时气温越来越高，如果前期任由菹草生长，这时，菹草将会逐渐大量死亡败坏水质，若不提前处理，会产生严重后果。可在 5 月中旬整田时将菹草作为绿肥充分利用。

图 3 - 15　菹草的种子（麦黄角）

（4）留种、保种

无论是投放幼虾模式的，还是投放亲虾模式的，在进行成虾捕捞时，都必须采取留种、保种的技术措施，具体操作参考"常规虾苗＋稻"模式执行。

（5）繁殖

对于8月10日前稻田内已经投放亲虾或者有保种亲虾的稻田，可以用边排边灌的方法在环沟内形成流水以刺激亲虾的性腺发育。为了避免进水造成水质浑浊，可在进水口下方的环沟内铺设15～20平方米的彩条布，小龙虾会大量集中在彩条布上交配。10天以后，当发现彩条布上交配的小龙虾显著减少时，停止进排水，撤掉彩条布。也可以在环沟中加泵打循环水，刺激小龙虾性腺发育。通过检查发现小龙虾性腺发育好后应缓慢降低水位，促进小龙虾打洞。正常小龙虾进洞封洞口后20～30天即可挖洞看母虾是否抱卵，若已抱卵则加深水位淹没虾洞7天左右，母虾就会带卵出来。出洞后的卵会慢慢孵化为小虾苗，蜕皮2次后脱离母体，一旦发现水体中有大量虾苗时，应加强投喂粉状虾苗专用料以促进小虾苗生长和增强体质。

4.清除野杂鱼

野杂鱼会与小龙虾争食、争空间、争氧气，泥鳅、鲫鱼、草鱼等会摄食幼虾，乌鳢、黄鳝、鲶鱼甚至捕食大规格虾苗和软壳虾，因此必须定期灭杀野杂鱼。灭杀野杂鱼的常见药品有生石灰、漂白粉、茶籽饼、茶皂素、鱼藤酮、皂角素等。

养殖第一年，一般可在稻田翻耕时，人工或用地笼捕捉田面上的泥鳅、黄鳝，环沟内的野杂鱼可采用生石灰或漂白粉清除。第二年，可结合稻田7月、8月两次晒田清除野杂鱼。其中第一次晒田（7月）可使用茶皂素、鱼藤酮、皂角素等药物清除黄鳝、泥鳅、乌鳢、鲶鱼等野杂鱼，同时结合使用地笼捕捉；第二次晒田（8月），若还有野杂鱼，可将茶籽饼浸泡24小时后，全池泼洒，彻底杀灭野杂鱼，提高小龙虾成活率。

晒环沟能够有效清除有鳞鱼类和米虾（有的地方叫亮虾、河虾）。现在很多的养殖户在环沟内留有种虾，因此只晒田面不晒环沟，导致养殖过程中，米虾成灾。不论是在高温期还是低温期，米虾都要比小龙虾活跃，会严重影响小龙虾的产量，对虾苗的影响更大。在保障小龙虾不被清除的情况下，茶皂素、鱼藤酮、皂角素等药物都难以清除米虾，而且很多养殖户在除杂的时候很容易忽略米虾或者想除却不知所措。清除米虾和小鱼其实可以考虑使用除杂笼诱捕的方法。除杂笼（图3-16）是利用小鱼、米虾都有迎水的习性，通过流水将其诱进笼中，到达收集和清除的目的。利用除杂笼虽不能将小鱼、米虾彻底清除，却能很好地降低杂鱼和米虾的密度，还能将杂鱼和米虾收集销售。除杂笼一般在养殖的过程中使用，在没有外源性流水的情况下，可以用农用潜水泵抽稻田循环水，米虾多的稻田，夜间使用效果更好。

图 3 - 16　除杂笼

5. 虾苗捕捞

虾苗捕捞时间一般从 3 月上旬开始,到 3 月底结束。捕捞工具及捕捞方法和"常规虾苗＋稻"模式相同。

三、"晚虾苗＋稻"模式

该模式生产的虾苗一般在 5 月上旬至 6 月下旬大量上市,这批虾苗主要是为了满足错峰上市以及稻田、池塘第二季养殖的需求。配套水稻种植方式为中稻或晚稻种植。

(一)水草种植

相比"常规虾苗＋稻"模式,"晚虾苗＋稻"模式要求种草时间明显推迟。

1. 水草种类

主要是轮叶黑藻、苦草、水花生和水蕹菜四种。一般田面上种植轮叶黑藻,环沟里种植苦草及水花生,埂边种植水蕹菜。水花生和水蕹菜种植和管理同"常规虾苗＋稻"模式。

2. 种植时间

结合生产晚虾苗实际需要,轮叶黑藻栽培时间宜在 3—5 月;苦草在水温高于 15℃ 时种植。

3. 种植方法

(1)轮叶黑藻的种植。轮叶黑藻(图 3 - 17)又名节节草、灯笼草,因每一枝节能生根,故有"节节草"之称,广布于池塘、湖泊和水沟中,我国南北均有分布。轮叶黑藻的种子被称为芽苞(图 3 - 18),芽苞繁殖是轮叶黑藻繁衍的主要方式。水温 10℃ 以上时,芽苞开始萌发生长。轮叶黑藻可移植、可播种,并且枝茎被小龙虾夹断后遇到泥土还能正常生根长

成新植株而不会死亡,轮叶黑藻再生能力特强,不会对水质造成不良影响,且小龙虾也喜爱摄食。因此,轮叶黑藻是小龙虾养殖水域中极佳的水草种植品种之一。轮叶黑藻的缺点是耐低温能力相对较差,且生长速度比伊乐藻慢。

图 3-17　轮叶黑藻

图 3-18　轮叶黑藻的种子(芽苞)

　　轮叶黑藻的栽种期较长,从 12 月中旬至翌年 7 月均可栽种。12 月中旬至翌年 3 月一般以芽苞播种,后期则直接进行水草移栽。依用途不同,播种量及种植方法各不相同。

　　芽苞种植:2—3 月,选晴天播种,播种前加注新水至高于田面 10 厘米,每亩用种 0.5~1.0 千克,播种时应按株行距 50 厘米将 3~5 粒芽苞插入泥中,或者拌泥撒播。栽种芽苞时,芽苞不要入泥太深,以 3 厘米以内为好。

茎叶移栽:4—5月,加注新水至高于田面10厘米,将轮叶黑藻的茎叶切成15~20厘米的小段,然后像插秧一样,将其均匀地插入泥中,株行距20厘米×30厘米。茎叶应随取随栽,不宜久晒,一般每亩用种株50~70千克。也可以采取茎叶撒播的方式栽种水草,撒播时,只需要在茎叶上压上少量泥土,不让其上浮即可,切忌撒播时将茎叶用脚踩入泥中。

(2)苦草的种植。苦草(图3-19)又称扁担草、面条草,是典型的沉水植物。苦草喜温暖,对土壤要求不严,具有很强的水质净化能力,在我国广泛分布于河流、湖泊等水域,分布区水深一般不超过2米,在透明度大、淤泥深厚、水流缓慢的水域,苦草生长良好。苦草在水底分布蔓延的速度很快,通常1株苦草一年可形成1~3平方米的群丛。6—7月是苦草分蘖生长的旺盛期,9月底至10月初达到大生物量,10月中旬以后分蘖逐渐停止,生长进入衰老期。苦草的优点是小龙虾喜食、耐高温、不臭水;缺点是容易遭到破坏。有些以苦草为主的养殖水体,在高温期不到一个星期苦草全部被小龙虾夹断,养殖户捞草都来不及。如捞草不及时的水体,水质甚至会恶化,继而引发小龙虾大量死亡。

图3-19 苦草

苦草通常在水温回升至15℃以上时播种,用种量(实际种植面积)150克/亩。播种前向沟中加新水3~5厘米深,水深不超过20厘米。选择晴天晒种1~2天,然后浸种12小时,捞出后搓出果实内的种子。清洗掉种子上的黏液,将种子与半干半湿的细土或细沙(按1:10)混合撒播,直接种在环沟的表面上,采用条播或间播均可。搓揉后的果实其中还有很多种子未被搓出,也撒入沟中。在水温18℃以上,播种后10~15天即可发芽。也可用潮湿的泥团包裹草种扔在沟底。

4. 水草管理

（1）轮叶黑藻。施肥：在栽种之前可施一定量的基肥。具体用量依稻田底质而定，总的原则是，淤泥少则多施，淤泥多则少施，无淤泥的，须先施有机粪肥作基肥。追肥一定要等到见根须后再施，追肥可选择促进水草生长的商品肥料，采取见草点播的方式施肥。

杀虫：轮叶黑藻的虫害较多，从3月开始就会发生，生产中应根据不同的害虫，选择针对性的药物及时处理。如若处理不当，可能3天左右，所有水草就被虫吃光。

控草：水草密度必须适宜，一般建议水草覆盖率不超60%，但也不宜少于30%。同时，在小龙虾养殖期间，不宜让水草露出水面。因此及时刈割水草及草头以控制水草密度很重要。刈割后，根据土壤肥力，酌情追施促进水草生长的商品肥料。

除青苔：轮叶黑藻常常伴随着青苔的发生，在养护水草时，如果发现有青苔滋生时，需要及时采取措施消除青苔。

（2）苦草。①苦草种植后水位不能太深。水位太深容易影响苦草进行光合作用，这对于苦草生长不利。②每天巡田时，及时把漂在水面的被夹断的苦草叶子清理出去，避免叶子腐烂败坏水质。

（二）水稻种植

稻种宜选择中稻或晚稻品种，可考虑中籼稻或迟点的粳稻，建议水稻生育期115～120天。7月上旬左右开始整田，7月10—15日用手栽或者机插的栽插方式完成秧苗栽插。8月5—10日开始晒田，晒田时间10～15天。到水稻扬花灌浆后，根据水稻生长的要求，在9月下旬到10月上旬开始第二次晒田，直至水稻收割。水稻收割一般在10月中下旬进行。水稻收割后不要立刻上水，让小龙虾在洞中不出来。在田面旋耕或翻耕暴晒之后，到11月开始根据虾苗发育情况选择时间上水、种草。晒田、施肥、水位控制、病虫害防治和水稻收割等方面其他操作参考"常规虾苗＋稻"模式执行。

（三）小龙虾繁殖

1. 繁殖模式

繁殖模式同样包括投放幼虾模式和投放亲虾模式。

（1）投放幼虾模式。5月中旬投放幼虾，5月中旬至7月上旬为成虾养殖期，7月中旬至9月底为留种、保种期，10月为繁殖期，11月至翌年5月为苗种培育期。幼虾质量和投放量参考"常规虾苗＋稻"模式执行。

（2）投放亲虾模式。10月底前投放亲虾，11月为繁殖期，12月至翌年5月为苗种培育期，5月中旬至7月上旬为成虾养殖期，7月中旬至9月底为留种、保种期。亲虾投放量为25～30千克/亩。

中秋以后，大部分小龙虾都已经打洞开始抱卵，不好起捕。留在水中活动的小龙虾比较少，主要是幼虾、已产卵过的母虾、性成熟的公虾和即将性成熟的母虾，还有少量的抱卵抱仔虾（图3-20）。其中，以公虾居多。上市的虾中，公虾至少占到了60%以上。

图 3-20 抱卵虾

通过肉眼,凭经验是可以看出母虾是否产过卵的。但最为准确的还是要打开头胸甲最终确认。未产卵的,卵呈咖啡色;产过卵的母虾,卵极少,呈橘红色;刚排卵的,卵粒已在腹部,呈黑色;抱仔虾腹部可明显见仔。

在选种虾时,只能选择未产卵的小龙虾,其他不建议选。从市场抽样情况看,在母虾中,规格 10 ~ 25 克的未产卵的比例要大些,30 克以上的大部分已产过卵,所以,建议选小规格的要稳妥很多。雌雄比例建议为 1:2。

没有达到性成熟的小龙虾,这些虾头部卵黄发育成熟度较低,自身活力好,打洞浅或者不打洞,经常游荡在环沟中,这部分种虾抱卵产苗都比较晚。10 月中旬以后投放亲虾,此时冷空气频繁,小龙虾活力下降,进食和打洞机能下降严重,因此要抓紧时间加强投喂,并且沿水线使用木棒制造 15 ~ 20 厘米深的人工洞穴,给小龙虾提供半成品洞穴,通过降低小龙虾打洞的体力消耗以提高成活率。

2. 饲料投喂

幼虾投喂建议选择不超过 26 蛋白的饲料;亲虾投喂建议选择 32 蛋白以上的高蛋白饲料;仔虾投喂以肥水培育天然饵料为主,适量补充粉状商品饵料。具体投饵量应根据天气和小龙虾的摄食情况调整。

3. 繁殖管理

(1)幼虾上市时间控制。幼虾的具体上市时间可以通过控制水稻收割以后的上水时间来决定。10 月下旬还未产卵的母虾,卵为咖啡色的,水稻收割后尽快上水,会在翌年 1 月左右见苗,幼虾大量上市时间在 4—5 月;假如上水时间推迟到 11 月以后,翌年 3—4 月见苗,幼虾大量上市时间在 5—6 月;到 5 月初才上水,虾苗 5 月中下旬出来,幼虾大量上市时间在 6—7 月。当然,由于各地气候方面存在一定的差异,出苗时间及幼虾大量上市时间也会存在一定的差异。

(2)水质调节。水稻收割后,建议暂时不上水,待第二年春季种植水草时再上水。在此期间,环沟水位略低于田面,使整个田面保持干燥状态。对于环沟内,应通过施肥、补充有益菌,保持水质清爽,藻相丰富。加水以后,水质的相关要求参考"常规虾苗 + 稻"模式执行。

(3)留种、保种。无论是投放幼虾模式的,还是投放亲虾模式的,在进行成虾捕捞时,都必须采取留种、保种的技术措施,具体操作参考"常规虾苗 + 稻"模式执行。

(4)底质改良。水底是小龙虾长期生活的环境,绝大部分时间,小龙虾都在水底活动。水底环境是小龙虾养殖中需要长期重视的环节之一,水底环境恶化,会直接威胁到小龙虾的生存。水底是阳光最弱的区域,是光合作用最差的地方,同时,水底的沉积物耗氧严重,因此,水底是溶氧缺乏的重灾区。鉴于水底的特殊环境,又与小龙虾长期的生活密不可分,对水底环境的重视绝对不容忽视。对有机质较多、淤泥较多的底质,可用强氧化类产品处理,温度高时,可使用芽孢类微生物制剂;底质不是特别恶化的,多用增氧改底类产品处理即可。底质不好还有可能是水草生长不旺引起的,通过调水、施肥促进水草生长即可。

(5)补充钙镁。由于虾苗蜕壳频繁,间隔时间短,往往 3~5 天就蜕壳一次,每蜕壳一次,体内钙质流失较多,因此,虾苗对钙的需求量特别大。另一个容易被忽视的问题是补镁。镁是水产动物不可或缺的元素,水产动植物没有能力自动合成,只能来源于外界。虾苗期建议每 5~7 天补镁一次,日常适当泼点生石灰,每亩不超过 5 千克。市面上优质补钙镁产品可根据需要使用,同时要内服外泼相结合。一般水源条件好、经常换水就少用;水源条件差、换水困难就多用。

4. 虾苗捕捞

虾苗捕捞时间一般从 5 月上旬开始,到 7 月底结束。捕捞工具及捕捞方法和"常规虾苗 + 稻"模式相同。

第二节 "成虾 + 稻"模式

"成虾 + 稻"模式是指在稻田内以生产成虾为主要目标同时种植一季中稻的生产模式,主要包括"常规成虾 + 稻"、"早成虾 + 稻"、"晚成虾 + 稻"和"一年两季虾 + 稻"等四种模式。

一、"常规成虾 + 稻"生产模式

该模式生产的成虾一般在 5 月上旬至 6 月中旬大量上市,市场价格 20 ~ 30 元/千克。配套水稻种植方式为中稻种植。

（一）水草种植

水草种类和种植方法和"常规虾苗 + 稻"模式基本相同,水草覆盖率控制在田面的50% ~ 60%。伊乐藻是该模式稻田内的主要水草,从 11 月到翌年 1 月栽种都行。栽种时最好沿稻田内埂往中间 4 ~ 6 米不栽,便于田间操作;中间行距 8 米,株距 4 米,避免太密造成封行。环沟外侧平台上 10 米栽种一窝,每窝草 1.5 千克左右。

（二）水稻种植

稻种选择及种植方法参照"常规虾苗 + 稻"模式执行。如果第二年想改成"早虾苗 + 稻"模式或"早成虾 + 稻"模式,建议选择生育期稍短一些的水稻品种,最好 95 ~ 100 天。如果第二年想改成"晚虾苗 + 稻"模式或"晚成虾 + 稻"模式,建议选择生育期稍长一些的水稻品种,最好 135 天以上。

（三）小龙虾养殖

1. 养殖模式

养殖模式包括投放幼虾模式和投放亲虾模式。其中,投放幼虾模式一般是 3 月下旬至 4 月中旬投放幼虾,投放量为 5000 ~ 8000 只/亩。投放亲虾模式是当年投放亲虾让其在稻田内交配、繁殖,第二年 4 月前后稻田内就会有大量的幼虾,再通过养殖变成成虾在5 月上旬至 6 月中旬大量上市。该模式一般是 8 月底前投放亲虾,也可以推迟到 9 月,投放量为 25 ~ 30 千克/亩。当然,投放量也不是一成不变的,需要根据上市时间、投苗规格大小、苗种质量、池中残存小龙虾数量、温度高低、管理能力、经济实力、技术熟练程度等综合制定。

2. 饲料投喂

按照小龙虾不同生长发育阶段对营养的需求,进行针对性投喂。对于投放幼虾模式,投喂相对简单,以 30 蛋白左右的人工配合饲料为主,辅以麦麸、豆饼、南瓜、甘蔗、瓜皮以及嫩的青绿饲料等即可。对于投放亲虾模式,由于稻田内先后存在亲虾、虾苗、幼虾、成虾等处于不同生长阶段的小龙虾,投喂相对复杂一些。在饲养虾苗和幼虾的阶段,因为小龙虾主要摄食轮虫、枝角类、桡足类以及水生昆虫幼体,因此,养殖者应通过施足基肥、适时追肥,培养大量轮虫、枝角类、桡足类以及水生昆虫幼体,供虾苗和幼虾摄食。同时,辅以人工配合饲料的投喂。4 月前后至 6 月中旬是成虾养殖阶段,应以 30 蛋白左右的人工配合饲料为主。6 月中旬至 11 月是亲虾性腺发育阶段以及越冬准备阶段,需要积累大量的营养,则应以 30 蛋白以上的人工配合饲料为主,辅以动物性饲料,如鱼肉、螺蚬蚌肉、蚯蚓以及屠宰场的动物下脚料等。由于小龙虾的运动能力较差，活动范围较小，并且具有占地的习性，饲料的投喂要尽可能均匀。投喂地点是田面上没有水草的区域，使每只虾都能吃到，避免争食，促进其均衡生长。一般环沟内不必投喂。

3. 水质管理

（1）水质的不利因素主要包括 pH 值、氨氮、亚硝酸盐、硫化氢、二氧化碳、有机质、悬浮物、重金属离子、农药等，对于这些指标，须定期进行检测。另外，还要结合小龙虾活动状况、水色、浑浊度、水草是否挂脏等予以综合考虑，并制订出水质管理方案。水质的调节，提倡以微生物制剂为主，化学产品为辅；救急时用化学产品，缓和时用微生物制剂。

（2）该模式在当年的 10 月至翌年 4 月都要坚持肥水，但要处理好水草、青苔和肥水的矛盾问题。肥水过度将影响水草生长；肥不起来会导致青苔泛滥（图 3 - 21），越施肥越长青苔，特别是前期浮游动物多的稻田。所以把握肥水的度很关键，一般要求水体的透明度控制在 30 厘米左右。生产中，建议用氨基酸肥水膏 + 生物肥 + 腐殖酸钠，每月 1 ~ 2 次，少量多次肥水。

图 3 - 21　青苔泛滥

4. 底质管理

小龙虾是底栖动物，绝大部分时间都在底层活动，因此，底质的好坏直接决定了小龙虾的生活质量。在稻田养虾过程中，腐烂的稻秆、青苔、残饵粪便、生物碎屑等有机质会造成底质的恶化，有害物质的积累，最终导致小龙虾的死亡。水体的底部，光照强度最弱，溶氧也最低，最易因厌氧呼吸而产生有毒有害物，也最易产生有害菌，所以平时要注重底质的改善。改善底质环境，最重要的是增加底层溶氧。但现实情况是大多数稻田缺乏增氧设备，因此应多采用定期换水、增氧类产品改底、定期投放低耗氧及厌氧有益菌等措施。

5. 成虾捕捞与留种

（1）捕捞。一般从4月下旬开始，到6月中旬结束。捕捞工具主要是地笼，网眼规格宜为1.6厘米。捕捞初期，直接将地笼放于稻田及环沟之内，隔几天转换一个地方(图3-22)。

（2）留种。是否需要留种根据第二年的生产目标决定。第二年以生产苗种为主的，在进行成虾捕捞时，必须采取留种、保种的技术措施。建议当成虾日捕捞量在0.5~1.0千克/亩时即停止捕捞，剩余的虾用来培育亲虾。第二年仍以生产成虾为主的，在进行成虾捕捞时，不必刻意采取留种、保种的技术措施，可以将所有能捕起的小龙虾全部出售，稻田内漏网的小龙虾自然交配繁殖产生的苗种一般能满足第二年的生产需求。

图3-22 地笼捕捞成虾

二、"早成虾+稻"生产模式

该模式生产的成虾一般在4月上旬至5月初大量上市，主要是抢占4月的高价，市场价格30~60元/千克。配套水稻种植方式为中稻种植。

（一）水草种植

水草种类和种植方法和"早虾苗+稻"模式基本相同，水草覆盖率控制在田面的50%~60%。苴草或伊乐藻是该模式稻田内的主要水草，在前一年的水稻收割后至12月之前栽种都行。

（二）水稻种植

稻种选择及种植方法参照"早虾苗+稻"模式执行。如果第二年想改成虾苗或成虾

晚一些上市的模式,建议选择生育期稍长一些的水稻品种。

(三)小龙虾养殖

1. 养殖模式

养殖模式包括投放幼虾模式和投放亲虾模式。其中投放幼虾模式一般是 3 月上旬至 3 月中旬投放幼虾,投放量为 5000 ~ 6000 只/亩。投放亲虾模式是当年投放亲虾让其在稻田内交配、繁殖,第二年 3 月上、中旬稻田内就会有大量的幼虾,再通过养殖变成成虾,在 4 月上旬至 5 月初大量上市。该模式要求 8 月底前投放亲虾,提前到 7 月效果更好,投放量为 25 ~ 30 千克/亩。

对于新塘来讲,早放苗早出虾,用好饲料、足量投喂,25 天左右可以出虾,能够赶上 4 月的成虾高价期,5 月初养殖结束进入留种、保种阶段。到了五月瘟暴发的季节,由于稻田内小龙虾很少,大幅降低了 5 月疾病发生的可能性。

2. 饲料投喂

建议投放幼虾当天就进行饲料投喂,最好投喂 30 ~ 36 蛋白的小颗粒饲料,否则有可能会导致幼虾出现夹草现象,引起水体浑浊,既破坏水草,又降低幼虾成活率。建议水温 10℃左右时投料 1% ,15℃左右时投料 2% ,再根据小龙虾摄食情况适当增减饲料投喂量。养殖期间如果出现水草夹断飘起、水体浑浊的现象,一般都是饲料投喂不足造成的,应立即加大投喂量,否则不仅小龙虾会自相残杀,水草也会由光合作用受阻导致生长不佳甚至大量死亡。

3. 水质管理

(1)注意小龙虾蜕壳期间不要换水,应保持水位的稳定。换水时建议先排除底层老水,后灌入外源新鲜水。每次换水量控制在水深的 1/5 左右,加水应选择在凌晨或上午进行,不宜在傍晚加水。

(2)及时观察水色和测定水质理化指标。水质通常可通过水色来反映,如茶褐色、黄绿色、淡绿色、翠绿色等属于优良水色;白浊水色、清色水色、浑浊水色、油污浮沫水色、暗绿色、墨绿色、黑褐色及酱油色等属于不良水色。水质不良除了观察水色可反映出来外,还可通过仪器检测水质指标如氨氮、硫化氢、亚硝酸盐等反映出来。若水质指标超出正常范围,应立即采取措施。

4. 水草管理

按照不同生长期控制水草的覆盖率。春季占 30% ~ 50% ,夏季占 50% ~ 60% ,秋季占 30% ~ 40% 。水草过多时,应及时采取割茬清除、增加水体溶氧等技术措施;水草过少时,应适当进行补种或移栽。

5. 青苔防控

水体透明度过高的稻田连续 2 天晴天青苔就会暴发。青苔过多会严重消耗水体无机盐类,影响水草、藻类的正常生长,破坏水体营养物质代谢,阻挡光照导致水体缺氧。同时,过多青苔覆盖于水面,会影响饵料的投喂和小龙虾摄食。另外,青苔死亡后会分解多种有毒物质,不仅破坏水质,还降低水体溶氧,易导致小龙虾中毒或缺氧死亡。基于以上原因,青苔泛滥在养殖小龙虾的稻田应是杜绝的。

青苔防控的措施:

(1)田面在冬季水位不低于40厘米,开春后阴天降低水位,晴天时及时用氨基酸肥水膏加低温速溶磷肥、微量元素肥进行肥水。

(2)冬季和春季肥水时间间隔建议控制在10天以内,一般不要超过15天。

(3)草多的稻田水不容易肥起来,建议先使用腐殖酸钠遮光处理控制青苔繁殖(图3-23),再降低水草的密度,然后及时肥水。

(4)有青苔的稻田先使用腐殖酸钠遮光,再补充芽孢杆菌,严禁直接下肥引起青苔泛滥,要等青苔发黄开始腐烂后才开始下肥。

(5)虫多且水质很瘦的稻田建议先用灯晚上诱捕虫子再进行肥水。

图3-23 使用腐殖酸钠遮光处理控制青苔

6. 疾病预防

3月以后,随着虾稻田水温逐渐回升,细菌繁殖速度加快。小龙虾的活动量也随着水温升高逐渐加大,这时如果出现疾病会传播得非常快,因此疾病预防工作特别重要。

预防疾病的方法:

(1)外源水源充足、水质较好的情况下应加强换水,每10天补充一次有益菌。

(2)天晴时及时补充有益菌进行生物改底,阴雨天及晚上宜采用化学改底的方法并加强增氧。

（3）适时补钙以及微量元素。

（4）根据水草生长情况及时补充促进水草生长的专用肥料,并控制水草的密度在合理范围内。

（5）加强增氧,防止因缺氧造成小龙虾免疫力降低。

（6）适时降低养殖密度,小龙虾达到 20 克以上就开始大量出售。

（7）饲料里添加适量能提高小龙虾免疫力的中草药、黄芪多糖之类的物质。

7. 成虾捕捞与留种

一般从 4 月 10 日左右开始,到 4 月底或 5 月初结束。捕捞与留种方法参照"早虾苗＋稻"模式执行。

三、"晚成虾＋稻"生产模式

该模式生产的成虾一般在 6 月下旬至 8 月下旬大量上市,这批虾苗主要是为了满足错峰上市的需求,市场价格 30～60 元/千克。配套水稻种植方式为中稻或晚稻种植。

（一）水草种植

水草种类主要是轮叶黑藻、苦草、水花生和水蕹菜四种。水草种植和管理参考"晚虾苗＋稻"模式。

常规虾稻模式基本上都是高温期以轮叶黑藻为主,低温期以伊乐藻或菹草为主。这几种水草在温度合适的时候生长速度非常快,几天疏于管理就封塘了。水草太多了小龙虾就难以捕捞,降低水草密度劳动强度非常大。这时,我们可以考虑水草新品种——改良型四季常绿苦草(图 3－24)。

图 3－24　改良型四季常绿苦草

（1）改良型四季常绿苦草的优势。①不露出水面，不影响风浪，不影响藻类光合作用。②不需要割草，大大降低劳动强度。③具有强大粗壮的根系，不易出现漂草现象。④耐热抗寒，四季常青，水温 – 10 ~ 38℃都能存活。⑤晒塘时，只要水草根部所在土壤保持一定的湿度，上水后就会再次发芽分蘖。⑥吸收氮磷、净化水质的效果比伊乐藻、菹草、轮叶黑藻等好，可以有效减少改底药物的使用频率。

（2）改良型四季常绿苦草的种植方法。改良型四季常绿苦草没有种子，只能采用移栽的方法。由于该草在春秋季生长速度最快，因此建议在 9 月至翌年 3 月进行移栽。移栽时，水位控制在 20 厘米左右，保证水草能较好地进行光合作用；对于水位较深的环沟，可以选择根部带土抛栽，但要保证肉眼能看到水草，否则水草会因为无法进行光合作用死亡。

栽种时行株距保持在 60 ~ 80 厘米最佳；2 ~ 3 株一窝；每亩（以实际种植面积为标准）需要 15 ~ 20 千克；要趁稻田内小龙虾较少或活动力较弱时进行移栽，以减少小龙虾破坏水草的概率，提高水草的移栽成活率。水草在稻田内一般成间隔式条带分布。移栽成活后施促进水草生长的肥料，再慢慢加深水位。

（二）水稻种植

稻种选择及种植方法参照"晚虾苗＋稻"模式执行。可以种中籼稻或迟点的粳稻，选择米质优良的稻种如丰两优香一号、南粳 9108 等。

7 月上旬下降水位整田，7 月中旬，开始插秧，以人工插秧为最好，机插也可以。不建议采用水直播的方式。

8 月上中旬开始第一次晒田，晒至田中走人不陷脚，开裂 1 厘米以上，以不伤秧苗为准。晒田结束后尽快上水，保持水稻生长需要的水位即可。

到水稻扬花灌浆后，根据水稻生长的要求，在 9 月下旬到 10 月开始第二次晒田，直至水稻收割。

（三）小龙虾养殖

1. 养殖模式

养殖模式包括投放幼虾模式和投放亲虾模式。其中，投放幼虾模式一般是 5 月下旬至 6 月下旬投放幼虾，投放量为 5000 ~ 6000 只/亩。投放亲虾模式是当年投放亲虾让其在稻田内交配、繁殖，水稻收割后推迟上水，让稻田中自繁的虾苗在第二年 4—5 月出洞，再通过养殖变成成虾，在 6 月下旬至 8 月下旬大量上市。该模式要求 10 月底前投放亲虾，投放量为 25 ~ 30 千克/亩。

2. 幼虾投放

由于幼虾投放季节气温、水温偏高，必须选择在晴天早晨日出之前完成幼虾投放，禁止在晴天中午或阴雨天投放幼虾。幼虾的运输时间应尽可能短，投放幼虾前在投放区泼洒抗应激药物，投放幼虾后及时用低刺激消毒剂全池泼洒，既消毒水体，又消毒虾体。投苗前，除杂、解毒、培藻、培菌等工作必须事先完成。

3. 饲料投喂

根据天气、温度等自然条件的变化,灵活调整饲料投喂量。稻田的水质以及小龙虾的活动、进食状况,随着天气、水温等因素会有所不同,在水温20~32℃、水质良好的条件下,小龙虾的摄食相当旺盛。总的原则是,天气晴朗,水质良好,小龙虾活动摄食旺盛,应多投饲料;而高温、阴雨天气或水质恶劣,则应少投饲料。此外,大批小龙虾处于蜕壳时期时,应少投饲料,蜕壳后则应多投饲料。还需要注意在小龙虾生长旺季应多投饲料,发病季节或小龙虾活动不太正常时少投饲料,从而提高饲料的利用率。通常情况下干饲料或配合饲料日投饲量可按稻田内小龙虾体重的3%~5%投喂,鲜活饲料则为8%~12%。

4. 水草管理

以轮叶黑藻为主的稻田,要特别重视水草的虫害(图3-25)。如果虫害严重而没有及时采取杀灭措施,可能3~7天水草全部会死亡。水草虫害的防控需要做好两方面工作:一是通过割草、提高水位、施控草肥等措施确保水草不露出水面,防止虫子在露出水面的水草上产卵,大幅降低虫害发生的可能性。二是根据不同虫害发生规律,在虫害高发季节,每天检查水草有无虫害。然后根据虫害实际情况,有针对性地选择杀虫药直接杀灭。注意杀虫后用解毒剂解毒并调水。有些养殖户一个养殖周期杀虫4次左右但效果感觉并不理想,这可能与虫子的抗药性越来越强有关。一些刚出的新型杀虫药第一年使用效果非常好,第二年效果就大打折扣,甚至不少水体连用敌百虫都杀不死吃草的虫子了。这种恶性循环造成杀虫药的剂量越用越大,毒性越来越强,虫子越来越难杀。

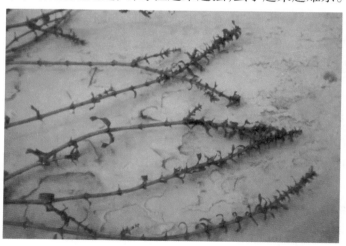

图3-25 发生虫害的轮叶黑藻

目前最常见的危害轮叶黑藻的虫子有3种。

(1)摇蚊幼虫。摇蚊幼虫对伊乐藻和轮叶黑藻都有危害,但一般对伊乐藻危害不太大,对轮叶黑藻的危害令人头疼。这种透明的长8~10毫米的虫子是二叉摇蚊属的 *thanatogratus*(种名,目前尚无中文翻译)的幼虫期,也叫孑孓,俗称跟头虫(有些地方称线虫）。它最适宜的生长季节在3—6月,高峰期4—5月,6月中下旬经过4次蜕变成蛹才不再吃草。它是摇蚊幼虫中为数不多的喜食水草的虫子,暴发期一个星期就可把稻田内所有水草的叶子吃光,只剩下光秆。以前常用1%的阿维菌素杀灭,近几年发现其抗药性明显增强,很难杀灭,因此一定要提前预防。

摇蚊幼虫的防控方法:①轮叶黑藻的芽苞在种植之前使用杀虫药物浸泡。②水体不要过肥,尤其是使用复合肥、化肥、鸡粪过多,造成水体发绿的稻田,相对更容易暴发摇蚊幼虫。水过肥的稻田应及时使用化学底改药物配合有益菌类快速分解水体中过多的有机物。③定期巡塘查看水草上有没有黏附鼻涕状透明胶状物,类似青蛙卵。通过显微镜镜检会发现胶状物里藏有大量摇蚊幼虫的虫卵。一般在4月下旬到5月下旬,发现水草上有透明胶状物后及时使用杀虫药物预防。④摇蚊幼虫的幼虫期生活在水中,耐低氧能力较差,早晨会从水底顺着水草爬到接近水面的地方。杀虫时一定要把握这个规律,在早晨对准水草喷洒杀虫药物。

（2）蜻蜓幼虫。蜻蜓幼虫对轮叶黑藻的危害较大,主要是蜻蜓幼虫会吃掉水草顶端的嫩芽,让水草无法长出新叶子。蜻蜓幼虫一般在5—6月出现,防控方法主要是虫害高峰期加强水草检查。每天查看刚冒出的草芽尖部是否完整,一旦发现草芽尖部不完整,及时选择杀虫药杀灭蜻蜓幼虫。

（3）菱角水螟。菱角水螟又名壮筒水螟、褐带纹水螟,俗称卷叶虫。其主要以幼虫取食叶片危害菱角、芡实、睡莲、眼子菜、轮叶黑藻、荇菜等水生植物。菱角水螟一般在6月中旬至9月中旬出现,高峰期7—8月。由于菱角水螟吃草速度惊人,所以一旦发现水中水草有光秆的现象,确定是菱角水螟之后,就要立刻杀虫。

菱角水螟的防控方法:①利用成虫趋光性的特点安装频振式杀虫灯诱杀成虫,有效降低飞入稻田内产卵的害虫数量。②利用菱角水螟在水下超过30厘米就很难存活的特点,采取割掉草头,加深水位的方法控制虫害。③根据池塘没有漂浮物虫害明显减少的特点,采取净化水体的措施防控虫害。④虫害高发期之前使用药物预防,虫害高发期每天检查水草有无虫害,发现虫害立即用药物杀灭。阴雨天气下菱角水螟繁殖的速度是晴天的几倍,杀虫效果会受到一定影响,因此阴雨连绵天气要连续杀2遍虫。

5. 成虾捕捞与留种

根据投放幼虾的时间结合市场价格及稻田内小龙虾容量、水草、水质等状况决定捕捞时间,一般成虾在6月下旬至8月下旬大量上市。捕捞时采用捕大留小的方法并做好留种、保种工作。

四、"一年两季虾＋稻"生产模式

该模式生产的成虾分两批上市,第一批一般在4月上旬至5月初大量上市,第二批一般在6月下旬至9月下旬大量上市,市场价格30~60元/千克。配套水稻种植方式为中稻或晚稻种植。该模式最大的优点就是可以完美地避开小龙虾养殖的"五月魔咒",完美地避开小龙虾的价格低谷期,不至于让小龙虾贱卖;最大的缺点就是对养殖技术要求很高。该模式根据小龙虾第二季养殖时间的不同又可以细分为水稻种植前养殖两季小龙虾和水稻种植前后分别养殖一季小龙虾两种情况。

(一)水稻种植前养殖两季小龙虾

1. 水草种植

水草种类主要是伊乐藻、水花生和水蕹菜三种,种植方法参考"常规虾苗+稻"模式,其中伊乐藻的种植时间最好在11月初前后。

2. 水稻种植

稻种宜选择晚稻品种,建议水稻生育期95~100天。水稻种植方式参考"晚虾苗+稻"模式。

3. 幼虾投放

3月上旬投放第一批幼虾,投放量为5000~6000只/亩;5月中旬投放第二批幼虾,投放量为4000只/亩。由于投放第二批幼虾时气温、水温较高,建议有条件的养殖户最好是投放深水池塘虾苗或者优质湖虾苗,因为此时的稻田虾苗体质较差、生长速度慢、死亡率相对较高。放苗前一周消毒解毒,培菌培藻,提高水体溶氧,改善水体环境。

4. 饲料投喂

(1)小龙虾(图3-26)的运动方式以爬行为主,其活动能力较差无法大范围觅食,因此饲料要求具有较好的诱食性,同时饲料投喂时要采取多点均匀投喂的方式。

(2)由于小龙虾摄食速度较慢,因此要求饲料在水中具有较好的稳定性。

(3)投喂鲜活饵料时,一定要保证饵料新鲜未变质。变质饵料不但会降低小龙虾摄食量,还会污染水质,诱发多种病害。

(4)小龙虾蜕壳期间,应在饲料中适当补充钙和磷以促进壳的硬化。

图3-26　稻田中的小龙虾

5. 养殖管理

（1）清除野杂鱼。通过第一季的养殖,稻田内难免会有野杂鱼的存在,因此养殖户在养殖第二季虾之前必须要清除一次野杂鱼。建议选择对小龙虾安全无残留的产品如茶籽饼、茶皂素、鱼藤酮等进行水体清杂,为第二季小龙虾安全养殖做前期准备。

（2）水体消毒。经过长达半年的养殖,水中不可避免会有细菌、病毒的滋生,尤其是5月是弧菌和白斑病毒大量繁殖的季节,因此在养殖二季虾之前水体消毒是养殖户必须要做的工作。建议使用专杀弧菌的药物结合聚维酮碘对水体进行一次消毒处理。

（3）水质底质调控。高温期水质、底质调控工作尤为重要,养殖期间要定期泼洒微生物制剂并注重钙、镁等矿物元素的补充,维护良好的水体环境以减少细菌、病毒、纤毛虫的滋生和传播。

6. 水草管理

众所周知,伊乐藻属于不耐高温的水草种类,尤其是5月中旬以后,很多水体会出现伊乐藻疯长、开花、死亡的情况。伊乐藻死亡后（图3-27）就会烂掉,造成水质和底质恶化,引起小龙虾疾病的发生。但是只要管理工作到位,伊乐藻在高温季节同样会发白根、出新芽,生长活力良好。

图3-27　失去活力的伊乐藻

伊乐藻高温期管理措施：

（1）割草头。割草头的目的是防止伊乐藻长出水面后失去活力。割草头后长出来的新草净化能力更强。此时割草不能像4月那样一割到底,因为这时的伊乐藻活力相对较差,割得太多不易恢复,建议割掉伊乐藻长度的1/3到1/2。

（2）稀密度。水草太密了对小龙虾的养殖也不利,应及时拉出通风沟和采光沟,增加水体流动性,防止水体缺氧,增强底部光照,防止底层伊乐藻无法进行光合作用。在割草和拉草开沟后,一定要注意改底、解毒、调水,防止操作后出现水过浑现象,影响伊乐藻的光合作用。同时还要注意补充促进水草生长的肥料,以利于伊乐藻快速恢复活力。

（3）控水位。当春夏之交时要控制好水位，尽量使伊乐藻在水位以下15厘米处，这样可以控制伊乐藻向上生长的趋势。养殖过程中加水要慢慢地加，不能一次把水加得太深，这对于控草非常重要。

（4）勤改底。伊乐藻活力不好大多是从底部开始出现问题。高温季节，水底溶氧相对较低，所以应该采取措施防止底层缺氧；同时还应勤改底，减少底层耗氧物质，防止伊乐藻出现烂根现象。

7. 成虾捕捞与留种

第一季小龙虾的捕捞从4月初开始，在5月1日左右结束，不必采取留种、保种的技术措施。第二季小龙虾根据投放幼虾的时间结合市场价格及稻田内小龙虾容量和规格、水草、水质等状况决定捕捞时间，一般成虾在6月下旬至8月下旬大量上市。捕捞时采用捕大留小的方法并做好留种、保种工作。

（二）水稻种植前后分别养殖一季小龙虾

1. 水草种植

第一季的水草品种主要是伊乐藻、水花生和水蕹菜三种，种植方法参考"常规虾苗＋稻"模式；第二季田面不种水草，以水稻代替水草。

2. 水稻种植

稻种宜选择稻秆高的中稻品种，建议水稻生育期115～120天。5月中旬左右开始整田，5月下旬用手栽或者机插的栽插方式完成秧苗栽插。在种稻的田面上，水稻栽种密度不要太高，要给小龙虾留出一定的活动空间，降低环沟密度。另外，在田面上每隔8米留出2米的空间不种水稻，此空间是后期捕捞小龙虾时放地笼的区域，否则小龙虾难以捕捞（图3-28）。

图3-28　稻田中留出放地笼的区域

3. 幼虾投放

3月上旬投放第一批幼虾，投放量为6000只/亩；7月初前后第一次晒田结束后投放第二批幼虾，投放量为3000～4000只/亩，有条件的养殖户最好是投放深水池塘虾苗或者优质湖虾苗。

4. 饲料投喂

饲料主要投喂在田面上未种稻的空白区,环沟内少量投喂。一般小龙虾在水温28～30℃、pH值7.0左右的环境下摄食情况良好,水温和pH值过高或过低均会降低摄食量。此外水体氨氮、亚硝酸盐含量过高,溶氧量过低也会显著影响小龙虾的摄食和生长。因此,养殖户要时刻关注养殖环境的变化,调整投喂策略并通过对养殖环境的调控使小龙虾处于最优的摄食状态。

5. 养殖管理

养殖管理工作参考水稻种植前养殖两季小龙虾模式进行。水位控制方面和其他所有养殖模式均不同,因为高温期养殖小龙虾需要较高的水位,否则会由于水温过高严重影响小龙虾的生长,建议在第一次晒田后至水稻收割前的晒田之前,水位保持在20～30厘米。

6. 成虾捕捞与留种

第一季小龙虾的捕捞从4月初开始,在5月1日左右结束,不必采取留种、保种的技术措施。第二季小龙虾从8月中下旬开始,9月中下旬结束,并保留足够的小龙虾作为种虾。

第四章　病虫害绿色防控

第一节　绿色防控原则

通过应用生态控制、生物防治、物理防治、使用高效低毒化学农药、科学用药等绿色防控技术，达到减少化学农药使用、降低病虫害危害的目的，实现病虫害的可持续控制，保障水稻丰收和产品安全。

第二节　水稻病虫害绿色防控

一、稻瘟病

1. 病原和发病规律

稻瘟病是由半知菌门真菌稻梨孢菌［*Pyricularia oryzae*（Cooke）Sacc.］侵染引起的，其有性态为子囊菌（*Magnaporthe grisea*）。病菌以分生孢子和菌丝体在稻草和稻谷上越冬。翌年产生的分生孢子借风雨传播到稻株上，萌发侵入寄主，向邻近细胞扩展发病，形成中心病株。病部形成的分生孢子，借风雨传播进行再侵染。播种带菌种子可引起苗瘟。适温、高湿，有雨、雾、露存在的条件下易于发病。菌丝生长温限 8～37℃，最适温度范围为 26～28℃。孢子形成温限 10～35℃，以 25～28℃最适，相对湿度 90%以上。孢子萌发须有水存在并持续 6～8 小时。适宜温度才能形成附着胞并产生侵入丝，穿透稻株表皮，在细胞间蔓延摄取养分。长期连阴雨、长期灌深水、大水串灌、气候温暖、日照不足、时晴时雨、多雾、重露易发病。大面积种植高优品种，抗病性差极易导致大面积发病。偏施、迟施氮肥，均易诱发稻瘟病。

2. 症状

稻瘟病,俗称稻热病、火烧病等,主要危害叶片、茎秆、穗部。根据危害时期、部位不同,分为苗瘟、叶瘟、节瘟、穗颈瘟、谷粒瘟。

(1)苗瘟。发生于 3 叶前,由种子带菌所致,病苗基部灰黑,上部变褐,卷缩而死,湿度较大时病部产生大量灰黑色霉层。

(2)叶瘟。在整个生育期都能发生,以分蘖至拔节期危害较为严重,可使叶片大量枯死,严重时全田呈火烧状。由于气候条件和品种抗性不同,叶片病斑分为四种类型。

慢性型病斑:开始在叶上产生暗绿色小斑,渐扩大为梭菜斑,常有延伸的褐色坏死线。病斑中央灰白色,边缘褐色,外有淡黄色晕圈,叶背有灰色霉层,病斑较多时连片形成不规则大斑,这种病斑发展较慢(图 4 - 1)。

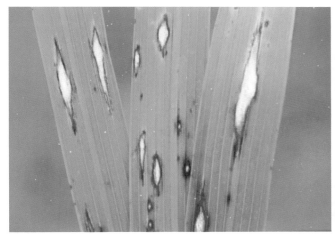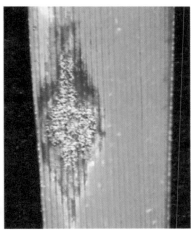

图 4 - 1　稻瘟病慢性型病斑症状

急性型病斑:在感病品种上形成暗绿色近圆形或椭圆形病斑,叶片两面都产生褐色霉层(图 4 - 2),条件不适应发病时转变为慢性型病斑。

图 4 - 2　稻瘟病急性型病斑症状

白点型病斑:感病的嫩叶发病后,产生白色近圆形小斑,不产生孢子(图4-3),气候条件利其扩展时,可转为急性型病斑。

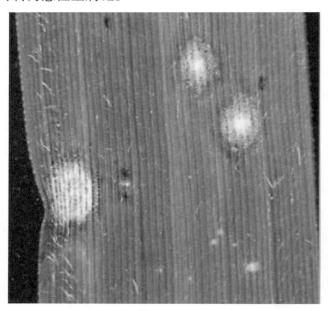

图4-3　稻瘟病白点型病斑症状

褐点型病斑:多在高抗品种或老叶上,产生针尖大小的褐点,只产生于叶脉间,较少产孢,该病在叶舌、叶耳、叶枕等部位也可发病(图4-4)。

图4-4　稻瘟病褐点型病斑症状

(3)节瘟。常在抽穗后发生,初在稻节上产生褐色小点,后渐绕节扩展,使病部变黑,易折断(图4-5)。发生早的形成枯白穗。仅在一侧发生的造成茎秆弯曲。

图4-5 稻瘟病节瘟症状

（4）穗颈瘟。初形成褐色小点,放展后使穗颈部变褐,也造成枯白穗(图4-6)。发病晚的造成秕谷。枝梗或穗轴受害造成小穗不实。

图4-6 稻瘟病穗颈瘟症状

（5）谷粒瘟。产生褐色椭圆形或不规则斑,可使稻谷变黑(图4-7)。有的颖壳无症状,但护颖受害变褐,使种子带菌。

图4-7 稻瘟病谷粒瘟症状

3.防治方法

稻瘟病防治采用"预防为主、综合防治"的策略,严格掌握防治时期,重点在叶瘟发生初期、破口期和齐穗期及时用药防治。

(1)选用抗病品种。因地制宜,选用2～3个抗病品种,不种植感病品种。

(2)消灭越冬菌源。将重病田的稻草作为燃料、饲料或者进行堆肥彻底腐熟,减少田间越冬菌源数量。

(3)种植管理。合理进行肥水管理,底肥足,追肥早,巧补穗肥,多施农家肥,节氮肥增施磷钾肥,防止偏施迟施氮肥,以增强植株抗病力,减轻发病。前期浅水勤灌,分蘖末期适时晒田。

(4)种子处理。采用24.1%肟菌·异噻胺悬浮种衣剂按照15～25毫升/千克种子进行拌种。

(5)化学防治。在叶瘟发病初期、始穗期及齐穗期,采用36%丙环·咪鲜胺(米优)悬浮剂50毫升/亩、25%咪鲜胺50毫升/亩、阿米西达(25%嘧菌酯悬浮剂)40～60毫升/亩或75%肟菌·戊唑醇水分散颗粒剂15～20克/亩兑水喷雾。喷药时间一般选择在15:00以后,早上有露水不宜喷药,中午日照强,药液挥发快,不宜喷药。若喷药后8小时内降雨,等雨后天晴还应补喷。

(6)植物诱导抗病性。在稻瘟病发生之前2周左右,采用8%烯丙苯噻唑颗粒剂,按照苗床150～300克/米², 大田1666～3333克/亩的用量与细土混合,均匀撒施。

(7)生物防治。生物防治适宜于预防稻瘟病的发生或者轻发病田,一般在发病前3～5天,采用1000亿/克枯草芽孢杆菌20～40克/亩、10亿/克解淀粉芽孢杆菌100～120克/亩或20亿/克蜡质芽孢杆菌150～200克/亩,兑水进行喷雾。

二、纹枯病

1.病原和发病规律

水稻纹枯病由半知菌亚门立枯丝核菌（*Rhizoctonia solani* Kühn）侵染所致，其有性世代为担子菌亚门瓜亡革菌［*Thanatephorus cucumeris*（Frank）Donk.］。该菌主要以菌核在土壤中越冬，也能以菌丝体在病残体上或在田间杂草等其他寄主上越冬。翌年春灌时菌核飘浮于水面与其他杂物混在一起，插秧后菌核黏附于稻株近水面的叶鞘上，条件适宜生出菌丝侵入叶鞘组织，气生菌丝又侵染邻近植株。水稻拔节期病情开始激增，病害向横向、纵向扩展，抽穗前以叶鞘危害为主，抽穗后向叶片、穗颈部扩展。早期落入水中菌核也可引发稻株再侵染。早稻菌核是晚稻纹枯病的主要侵染源。

2.症状

水稻纹枯病又称云纹病。苗期至穗期都可发病。叶鞘染病在近水面处产生暗绿色水浸状边缘模糊小斑，后渐扩大呈椭圆形或云纹形，中部呈灰绿色或灰褐色，湿度低时中部呈淡黄色或灰白色，中部组织破坏呈半透明状，边缘暗褐。发病严重时数个病斑融合形成大病斑，呈不规则状云纹斑，常致叶片发黄枯死。叶片染病，病斑也呈云纹状，边缘褪黄，发病快时病斑呈污绿色，叶片很快腐烂。茎秆受害症状似叶片，后期呈黄褐色，易折。穗颈部受害初为污绿色，后变灰褐色，常不能抽穗，抽穗的秕谷较多，千粒重下降。湿度大时，病部长出白色网状菌丝，后汇聚成白色菌丝团，形成菌核，菌核深褐色，易脱落。高温条件下病斑上产生一层白色粉霉层，即病菌的担子和担孢子。（图4-8）

图4-8　纹枯病症状

3.防治方法

（1）清除病源。在秧田、本田翻犁，灌水泡田时，打捞菌核，带出田外烧掉或深埋。病草不还田,同时铲除田间杂草。

（2）加强水肥管理。做到合理排灌,以水控病,贯彻"前浅、中晒、后湿润"的用水原则,避免长期深灌,合理施用氮肥,注意氮、磷、钾合理搭配。

（3）种子处理。采用22%氟唑菌苯胺悬浮剂,按200~300克药剂:100千克种子的药种比,进行拌种。

（4）药剂防治。每亩用5%井冈霉素150~200毫升、75%肟菌·戊唑醇水分散颗粒剂10~15克,或者采用20亿/克蜡质芽孢杆菌,兑水75升喷雾。

三、稻曲病

1.病原和发病规律

稻曲病病原为子囊菌门稻曲菌(*Villosiclava virens*),其无性世代为半知菌门稻绿核菌(*Ustilaginoidea oryzae*)。稻曲菌在破口前侵染水稻穗部,而后通过吸收水稻颖壳内的营养快速生长最终膨大成稻曲球,在特定条件下可形成菌核。稻曲菌以厚垣孢子和菌核越冬,菌核经过2~5个月的休眠期分化形成子实体释放子囊孢子,厚垣孢子和子囊孢子均是第二年的初侵染源。也有报道称种子带菌及根部系统侵染也能导致稻曲病的发生。高温高湿的气候条件,如夏季天气炎热、阴雨较多的年份利于该病的发生。

2.症状

稻曲病又称伪黑穗病、绿黑穗病、谷花病、青粉病,俗称"丰产果"。该病只发生于水稻穗部,危害部分谷粒。受害谷粒内形成菌丝块渐膨大,内外颖裂开,露出淡黄色块状物,即孢子座,后包于内外颖两侧,呈黑绿色,初外包一层薄膜,后破裂,散生墨绿色粉末,即病菌的厚垣孢子,有的两侧生黑色扁平菌核,风吹雨打易脱落(图4-9)。

图4-9 稻曲病症状

3. 防治方法

（1）选用抗病品种。避免使用感病品种，根据各地情况选择抗性强的品种。

（2）农业防治。避免病田留种，深耕翻埋菌核，发病时及时摘除并销毁病粒。

（3）合理肥水管理。合理施肥，增施磷钾肥，避免氮肥使用过量、过迟，以免贪青晚熟。推广薄露灌溉技术，浅水勤灌，后期见干见湿，孕穗后期勿大水漫灌、长期淹水，避免田间湿度过大，有利于病原菌孢子的萌发与侵入。

（4）种子消毒。浸种时采用500倍强氯精液浸种10～12小时，或者播种前每100千克种子用15%粉锈宁可湿性粉剂300～400克拌种。

（5）药剂防治。破口前4～7天是防治稻曲病的关键时期，可采用75%肟菌·戊唑醇水分散颗粒剂10～15克/亩、43%戊唑醇悬浮剂10～15毫升/亩、24%井冈霉素水剂20～40毫升/亩，兑水进行喷雾。

四、稻纵卷叶螟

1. 学名

稻纵卷叶螟（*Cnaphalocrocis medinalis*），属鳞翅目螟蛾科纵卷叶野螟属。别名为刮青虫、白叶虫、苞叶虫等，是中国水稻产区的主要害虫之一，广泛分布于各稻区。

2. 危害特征

除危害水稻外，还可取食大麦、小麦、甘蔗、粟等作物，以及稗、李氏禾、雀稗、双穗雀稗、马唐、狗尾草、蟋蟀草、茅草、芦苇等杂草。初孵幼虫取食心叶，出现针头状小点，也有先在叶鞘内危害，随着虫龄增大，吐丝缀稻叶两边叶缘，纵卷叶片成圆筒状虫苞，幼虫藏身其内啃食叶肉，留下表皮呈白色条斑（图4-10）。严重时"虫苞累累，白叶满田"。以孕穗期、抽穗期受害损失最大。

图4-10 稻纵卷叶螟危害症状

3.形态特征

成虫长 7～9 毫米,淡黄褐色,前翅有两条褐色横线,两线间有一条短线,外缘有暗褐色宽带;后翅有两条横线,外缘亦有宽带;雄蛾前翅前缘中部,有闪光而凹陷的"眼点",雌蛾前翅则无"眼点"。卵长约 1 毫米,椭圆形,扁平而中间稍隆起,初产白色透明,近孵化时淡黄色,被寄生卵为黑色。幼虫老熟时长 14～19 毫米,低龄幼虫绿色,后转黄绿色,成熟幼虫橘红色。蛹长 7～10 毫米,初黄色,后转褐色,长圆筒形。

4.生活习性

稻纵卷叶螟是一种迁飞性害虫,自北而南一年发生 1～11 代。南岭山脉一线以南,常年有一定数量的蛹和少量幼虫越冬,北纬 30°以北稻区不能越冬,故广大稻区初次虫源均自南方迁来。该虫的成虫有趋光性,喜荫蔽和潮湿,且能长距离迁飞。白天栖于荫蔽、高湿的作物田。喜吸食花蜜。初孵幼虫一般先爬入水稻心叶或附近的叶鞘内,也有钻入旧虫苞内啃食叶肉;2 龄开始在叶尖吐丝纵卷成小虫苞;3 龄后开始转苞危害;4～5 龄食量猛增,一生可危害 5～7 叶,多达 9～10 叶。幼虫性活泼,当剥开卷叶时,即迅速倒退跌落。老熟幼虫经 1～2 天预蛹期,吐丝结薄茧化蛹。化蛹时刻大多在薄暮到子夜,化蛹最适温度为 26℃,最适湿度为 80%。化蛹前多数幼虫离开老虫苞,爬到叶鞘内侧以及稻丛基部嫩叶(小分蘖)或黄叶上吐丝缀叶,结小虫苞化蛹,也有的在稻丛的稻株间作薄茧化蛹,也有少数幼虫在老虫苞内化蛹。从水稻生育期看,分蘖至孕穗期,多数幼虫在稻丛基部嫩叶或黄叶上化蛹;孕穗后,幼虫多在枯叶鞘内侧化蛹。

5.防治方法

(1)清除杂草。冬季和早春结合积肥治螟,挖光草子留种田的稻根,捡净春花田的外露稻根,特别注意清除河边、塘边、田边、沟边的杂草,并烧制成焦泥灰。做到治虫积肥一举两得。

(2)选用抗病品种。利用水稻抗性选用抗病虫高产良种,结合合理施肥,防止水稻前期猛发嫩绿,后期恋青迟熟,使水稻生长正常,适期成熟,对减轻危害有一定作用。

(3)农业防治。合理施肥,使水稻生长发育健壮。科学管水,适当调节搁田时间,降低幼虫孵化期田间湿度,或在化蛹高峰期灌深水 2～3 天,杀死虫蛹。

(4)灯光诱杀。在成虫高发期,按照每 30～50 亩放置 1 盏黑光灯,进行灯光诱蛾,减少成虫数量。

(5)释放天敌。根据虫情监测结果,在清晨或傍晚,于稻纵卷叶螟成虫高发期至卵孵化末期释放赤眼蜂,每代稻纵卷叶螟一般释放 3 次,间隔 3～5 天释放 1 次,每次放蜂 1 万～2 万头/亩,释放密度为每亩 5～8 个放蜂点,每点间隔约 10 米。释放期间不宜使用杀虫剂。

(6)生物农药。适宜于稻纵卷叶螟轻发生年份。在卵孵盛期,采用 16000 单位/毫克的苏云金杆菌粉剂,按每亩 200～300 克进行喷施,或者采用 30 亿 PIB/毫升甘蓝夜蛾核型多角体病毒,按每亩30~50毫升,兑水60千克进行喷雾。

（7）性引诱剂。在成虫高发期,按照每亩1~2个放置稻纵卷叶螟性引诱剂。

（8）化学防治。采用20%氯虫苯甲酰胺悬浮剂,按照每亩10毫升,兑水稀释进行喷雾。

五、二化螟

1. 学名

二化螟[*Chilo suppressalis*(Walker)],属鳞翅目螟蛾科,是重要的水稻等禾本科作物钻蛀性害虫。二化螟食性杂,寄主植物有水稻、茭白、野茭白、甘蔗、高粱、玉米、小麦、粟、稗、慈姑、蚕豆、油菜、游草等。二化螟幼虫通过蛀害水稻叶鞘、心叶、稻茎,造成枯鞘、枯心苗、白穗,成熟期造成半枯穗状虫伤株,导致严重减产。

2. 危害特征

以幼虫危害水稻,初孵幼虫群集叶鞘内危害,造成枯鞘,3龄以后幼虫蛀入稻株内危害,水稻分蘖期造成枯心苗,孕穗期造成枯孕穗,抽穗期造成白穗,成熟期造成虫伤株(图4-11)。

图4-11　二化螟危害症状

3. 生活习性

二化螟成虫具有明显的趋光性。成虫产卵为块产,主要产在靠近叶鞘的叶片叶背基部,也有很多产在叶片正面近叶尖处。产卵时对植株具有选择性,喜在叶色浓绿、生长粗壮、高大、茂盛的稻株上产卵;产卵时对植物种类也有选择性,以水稻着卵量最大,其次为田茅,而在玉米、高粱、谷子、小麦、稗草上着卵量较少。幼虫耐水淹且有转株危害的习性。初孵幼虫先侵入叶鞘集中危害,造成枯鞘,到2~3龄后蛀入茎秆,造成枯心、白穗和虫伤株。初孵幼虫,在苗期水稻上一般分散危害或几条幼虫集中危害;在大的稻株上,一般先集中危害,至3龄幼虫后才转株危害。蚁螟孵化后,先群集于叶鞘内取食,2龄后开始蛀食稻茎,造成枯鞘、枯心、虫伤株和白穗。幼虫老熟后,在茎秆内或叶鞘与茎秆间化蛹。

4.防治方法

（1）农业防治。越冬代成虫羽化前，结合栽培措施，及时翻耕灌水灭蛹，降低螟虫基数。

（2）香根草诱虫。在田埂上按 3～5 米间隔种植香根草，诱杀二化螟幼虫。

（3）生态调控。田埂上种植大豆、芝麻、菊花等显花植物，畜养害虫天敌。

（4）性引诱剂诱杀。在成虫高发期，按照每亩 1～2 个放置二化螟性引诱剂，诱杀雄虫。

（5）灯光诱杀。按每 30～50 亩安装一盏频振式杀虫灯，成虫高峰期前 5 天开灯，天黑开灯，凌晨 1:00—3:00 关灯。

（6）释放天敌。根据虫情监测结果，在清晨或傍晚，于二化螟成虫高发期至卵孵化末期释放赤眼蜂，每代二化螟一般释放 3 次，间隔 3～5 天释放一次，每次放蜂 1 万～2 万头/亩，释放密度为每亩 5～8 个放蜂点，每点间隔约 10 米。释放期间不宜使用杀虫剂。

（7）生物农药。适宜于二化螟轻发生年份。在卵孵盛期，采用 16000 单位/毫克的苏云金杆菌粉剂，按每亩 200～300 克进行喷施，或者采用 30 亿 PIB/毫升甘蓝夜蛾核型多角体病毒，按每亩 30～50 毫升，兑水 60 千克进行喷雾。

（8）化学防治。采用 20% 氯虫苯甲酰胺悬浮剂，按照每亩 10 毫升，兑水稀释进行喷雾。

六、稻飞虱

1.学名

稻飞虱，昆虫纲同翅目飞虱科害虫。常见种类有褐飞虱（*Nilaparvata lugens*）、白背飞虱（*Sogatella furcifera*）和灰飞虱（*Laodelphax striatellus*）。

2.危害特征

稻飞虱以刺吸植株汁液危害水稻，使生长受阻，严重时稻丛成团枯萎，甚至全田死秆倒伏，产卵也会刺伤植株，破坏输导组织，妨碍营养物质运输并传播病毒病（图 4-12）。

图 4-12 稻飞虱危害症状

3. 生活习性

稻飞虱长翅型成虫均能长距离迁飞,趋光性强,且喜趋嫩绿,但灰飞虱的趋光性稍弱。成虫和若虫均群集在稻丛下部茎秆上刺吸汁液,遇惊扰即跳落水面或逃离。卵多产在稻丛下部叶鞘内,抽穗后或产卵于穗颈部内。褐飞虱取食时,口针伸至叶鞘韧皮部,先由唾腺分泌物沿口针凝成"口针鞘"抽吸汁液。植株嫩绿、荫蔽且积水的稻田虫口密度大。一般是先在田中央密集危害,后逐渐扩大蔓延。水稻孕穗至开花期的植株中水溶性蛋白含量增高,有利于短翅型的发生。此型雌虫产卵量大,雌性比高,寿命长,常使褐飞虱虫口激增。在乳熟期后,长翅型比例上升,易引起迁飞。长翅型从南向北迁飞,在秋季又从北向南回迁。褐飞虱的迁飞属高空被动流迁类型,在迁飞过程中,遇天气影响,会在较大范围内同期发生"突增"或"突减"现象。

4. 防治方法

(1)选用抗虫品种。选用抗虫品种,因地制宜推广种植。

(2)农业防治。不同水稻品种或作物进行合理布局,避免稻飞虱辗转危害。加强肥水管理,科学施肥,避免偏施氮肥,以及长期浸水。早稻收割前清除田边、沟边的杂草。收割时,稻草随打、随挑、随晒,不堆放在田边,防止杂草和稻草上的残留虫子跳入晚稻田。收割后,立即翻耕灌水,晚稻早插本田,采取田边喷药保护。及时拔除稻田中的稗草。

(3)保护天敌。保护利用稻田蜘蛛、盲蝽等天敌,同时利用频振式杀虫灯诱杀,控制稻飞虱种群数量。

(4)化学防治。采用10%吡虫啉20~30克/亩、25%噻虫嗪16~20克/亩、20%呋虫胺20克/亩、50%吡蚜酮15~20克/亩或80%烯啶·吡蚜酮10~15克/亩,兑水30~45千克喷雾,田间保持寸水5~7天,视虫情5~7天用药一次。

第三节 小龙虾病虫害绿色防控

小龙虾养殖过程中,常见病害有白斑病毒病、甲壳溃烂病、弧菌病和纤毛虫病。

一、白斑病毒病

1. 病原体

白斑病毒(WSSV)。

2. 主要症状

发病水温一般为 20～26℃,在 4 月下旬至 6 月上旬多发,首先危害成虾,后期也能感染幼虾。发病初期没有特别明显的症状,只是摄食减少。后期会出现螯足无力、反应迟缓、体色灰暗等症状,部分病虾头胸甲处有黄白色斑点。解剖可见肝胰腺肿大、颜色变深、胃肠道无食物,部分病虾有黑鳃、尾部肌肉发红或者呈现白浊样症状(图 4 - 13)。

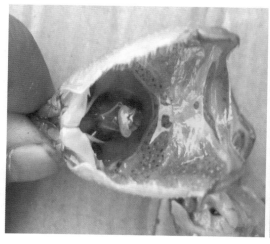

图 4 - 13　小龙虾白斑病病毒危害症状

3. 防控方法

(1)调整养殖模式,如采取养殖早苗、早虾等错峰上市的养殖模式,在白斑病毒病高峰期之前完成捕捞上市。

(2)改善养殖环境,降低养殖密度。

(3)在饲料中添加 β - 葡聚糖、壳聚糖、维生素等免疫促进剂或大黄、鱼腥草、板蓝根等中药。

(4)聚维酮碘或四烷基季铵盐络合碘 0.3～3.5 毫克/升全池泼洒。

(5)二氧化氯 0.2～0.5 毫克/升全池泼洒。

二、甲壳溃烂病

1. 病原体

能分解几丁质的细菌。

2. 主要症状

感染初期虾壳局部出现颜色较深的斑点,斑点呈灰白色,然后斑点边缘溃烂,出现空洞,严重者会因内部感染导致死亡(图 4 - 14)。主要流行期为 5—8 月,所有小龙虾都可能感染。

图 4-14　小龙虾甲壳溃烂病症状

3.防控方法

（1）运输和投放虾苗、虾种时,要仔细轻巧,尽量不要堆压和损伤虾体。

（2）饲养期间饲料要投足、投匀,防止小龙虾因饵料不足而自相残杀。

（3）控制种苗放养密度,防止争斗。

（4）种好水草,为小龙虾提供足够的隐蔽场所。

（5）发生此病时,使用二氧化氯或碘制剂全池泼洒,同时内服恩诺沙星。

三、弧菌病

1.病原体

多种弧菌。

2.主要症状

病虾活力低。空肠空胃,肝胰腺坏死,断须、断爪,尾部有水泡或烂尾现象
（图 4-15）。流行期一般在 5 月,死亡率高达 80% 以上,已经养过小龙虾的水体发病的概
率比较高。

图 4-15　小龙虾弧菌病症状

3. 防控方法

（1）定期使用硫酸氢钾复合盐改良底质，抑制病菌滋生。

（2）定期泼洒 EM 菌，提高水体中有益菌的数量。

（3）合理控制小龙虾养殖密度。

（4）出现弧菌病症状，立即使用聚维酮碘或蛭弧菌产品杀灭弧菌。

四、纤毛虫病

1. 病原体

纤毛虫。

2. 主要症状

纤毛虫附着在成虾、幼虾、幼体和受精卵的体表、附肢、鳃等部位，形成淡黄色棉絮状物或黄绿色绒毛。病虾行动迟缓、头胸甲发黑、体表多黏液，全身沾满泥脏物（图 4 - 16）。病虾大多不能顺利蜕壳且多在早晨浮于水面。该病在含有机质的水中极易发生。

图 4 - 16　小龙虾纤毛虫病症状

3. 防控方法

（1）用生石灰清塘，杀灭水中的病原体。

（2）定期使用硫酸氢钾复合盐改良底质。

（3）定期泼洒复合芽孢杆菌，降低水中的有机质含量。

（4）发病后先用纤虫净全池泼洒杀灭纤毛虫，再泼洒复合芽孢杆菌分解水中的有机质。

（5）投喂小龙虾蜕壳专用人工饲料，促进小龙虾蜕壳，蜕掉长有纤毛虫的旧壳。

第五章　典型案例分析

第一节　水质方面

一、虫多浑水

1. 养殖户信息

湖北省荆州市监利县朱河镇,虾稻面积40亩。

2. 相关情况

养殖户反映:4月底,水浑,水草挂脏且没有活力,小龙虾上草、上坡,每天少量死亡。

现场调查:水色为白浊色,水里浮游动物较多,透明度 < 15厘米(图5-1)。

水质检测:水体溶氧偏低,氨氮、亚硝酸盐含量偏高。

图5-1　白浊水

3. 处理方案

（1）利用浮游动物夜间趋光性的特性，每天在晚间用灯光照射水面，浮游动物会慢慢向灯光处聚集，待浮游动物聚集后用100目纱网做成的手抄网捞除。

（2）连续几天清晨于下风口和四周水草边上，用阿维菌素喷洒杀灭浮游动物。

（3）当观察到虫体大部分死亡后对水体进行解毒，再使用过硫酸氢钾复合盐改良底质，第2天补充少量新水并使用肥水膏进行肥水。

（4）2天后向水体中适量补充复合芽孢杆菌制剂。

4. 效果跟踪

4天后养殖户反馈水质好，水草恢复活力；小龙虾不上草、上坡，基本没有死亡。

5. 案例分析

（1）2月和3月错误地使用发酵的鸡粪肥水，导致水中有机物过多，造成枝角类、桡足类等浮游动物大量繁殖，形成白浊水。

（2）大量浮游动物摄食藻类，致使水体中藻类减少，水体失去藻相而显得浑浊。

（3）低温期应使用氨基酸肥水膏配合小球藻、硅藻等低温藻种进行肥水。

（4）浮游动物过多的主要原因是水中有机物过多，解决根本问题需要减少水中有机物数量。

（5）杀虫最好选择晴天早晨6:00前后，浮游动物大量聚集在岸边时效果最佳。用药物杀虫时一定要注意溶氧，避开小龙虾蜕壳期。

二、泥沙浑水

1. 养殖户信息

湖北省荆州市公安县狮子口镇，虾稻面积80亩。

2. 相关情况

养殖户反映：5月初一场大雨后，水一直浑浊，使用净水剂后没有明显效果。

现场调查：水色为土黄色浑浊，水草叶子表面有泥沙附着，透明度＜15厘米（图5-2）。

水质检测：水体溶氧偏低，氨氮、亚硝酸盐含量偏高。

图 5 - 2　泥沙浑水

3. 处理方案

（1）第 1 天全池使用净水剂沉降泥沙颗粒。

（2）第 2 天通过施肥、补充藻种培肥水质，同时适当地提高水位。

（3）培肥水质后每 10 天使用一次 EM 菌调节水质。

4. 效果跟踪

3 天后养殖户反馈水变清，水草叶子表面没有泥沙附着，透明度＞30 厘米。

5. 案例分析

（1）水位过浅、水底土壤松散时雨水冲刷或风力扰动都会导致水浑，这种浑水一般呈土黄色，水中悬浮的泥沙颗粒比较多。

（2）该养殖户的稻田存在水位过浅的问题，因此在培肥水质的同时应适当提高水位。

（3）水中缺乏藻类导致缺乏缓冲能力，单一使用净水剂沉降泥沙往往效果不理想，解决根本问题需要通过肥水大幅提高水中藻类数量。

三、投饵过少浑水

1. 养殖户信息

湖北省黄冈市黄梅县分路镇，虾稻面积 60 亩。

2. 相关情况

养殖户反映：4 月初水温升高后，水一直浑浊，使用净水剂后没有效果。

现场调查：水色为黄色浑浊，水草叶子表面有少量泥沙附着，水面有夹断的伊乐藻漂浮。

水质检测:水体溶氧正常,氨氮、亚硝酸盐含量正常。

3. 处理方案

(1)将饵料投喂量增加50%。

(2)设置投饵观察点,2小时内吃完了就适当增加投饵量,否则减少。

(3)观察增加投饵量后有无夹断的伊乐藻漂在水面,并使用净水剂沉降泥沙。

(4)增加投饵量后第2天使用肥水类产品和藻种全池泼洒肥水。

4. 效果跟踪

第2天养殖户反馈水变清,水草叶子表面没有泥沙附着,透明度>30厘米。

5. 案例分析

(1)饵料投喂不足造成的水浑,这种浑水一般在傍晚和第二天早晨会严重些,白天水浑情况明显减轻(图5-3)。

(2)需要观察有无夹断的伊乐藻漂在水面。

(3)由于小龙虾不是很喜欢摄食伊乐藻,发现水早、晚浑浊且有夹断的伊乐藻漂在水面,就可以确定是投饵不足引起的水浑。

图5-3 投饵过少浑水

四、水草过少浑水

1. 养殖户信息

湖北省黄冈市黄梅县孔垄镇,虾稻面积51亩。

2. 相关情况

养殖户反映:3月底后水一直浑浊,大量施肥但水质一直肥不起来。

现场调查:水色为黄色浑浊,水草覆盖率不足30%且活力不好。

水质检测:水体溶氧偏低,氨氮、亚硝酸盐含量偏高。

3. 处理方案

(1)补种水草并且适量加大饲料投喂量,确保水草覆盖面积占养殖面积的50%以上。

(2)适量补充碳源,常见的碳源有糖蜜、葡萄糖、红糖等。

(3)适量补充微量元素肥并使用净水剂沉降泥沙。

(4)加入少量新水或投放藻种。

4. 效果跟踪

5天后养殖户反馈水变清,透明度>35厘米,水草活力恢复。

5. 案例分析

(1)稻田内水草过少会造成水体自净能力降低。

(2)大量施肥,肥料虽然被水草吸收了,但由于缺乏碳源及微量元素,水草会生长不佳;补充碳源及微量元素,有助于促进水草生长,提高水体净化能力。

五、野杂鱼过多浑水

1. 养殖户信息

湖北省黄冈市黄梅县分路镇,虾稻面积100亩。

2. 相关情况

养殖户反映:4月后水一直浑浊,采取净水、肥水、改底等措施,水无法变清。

现场调查:水色为黄色浑浊,水面不平静,经常有泥鳅到水面换气。

水质检测:水体溶氧偏低,氨氮、亚硝酸盐含量偏高。

3. 处理方案

(1)进水口加80~100目滤网,过滤野生杂鱼及鱼卵。

(2)用茶籽饼或茶皂素等药物清除野杂鱼。

(3)使用净水剂沉降泥沙。

(4)加入少量新水或通过施肥、投放藻种培肥水质。

4. 效果跟踪

5天后养殖户反馈水已经变清,透明度>35厘米。

5. 案例分析

(1)水中野杂鱼较多,会和小龙虾争夺氧气,影响小龙虾的正常生长。

(2)野杂鱼太多,会和小龙虾争夺饲料,造成饲料的浪费。

(3)杂食性、肉食性的野杂鱼会捕食小龙虾的苗种甚至成虾,影响小龙虾的成活率。

（4）泥鳅、鲫鱼、鳝鱼等底层野杂鱼多,会导致水质浑浊,影响水草的光合作用,造成水体缺氧。

（5）用茶籽饼或茶皂素等药物清除野杂鱼时,要严格控制药物使用量,否则会对虾苗及软壳虾造成伤害。

（6）尽量选择在稻田内虾苗和软壳虾都较少的时间段清除野杂鱼,如6—9月。

六、密度过高浑水

1. 养殖户信息
湖北省咸宁市嘉鱼县渡普镇,虾稻面积80亩。

2. 相关情况
养殖户反映:4月大降温后水一直浑浊,采取净水、肥水、改底等措施,水无法变清。

现场调查:水色为黄色浑浊,小龙虾白天有上草现象。虾苗投放量约为1.1万尾/亩。

水质检测:水体溶氧偏低,氨氮、亚硝酸盐含量偏高。

3. 处理方案
（1）加强捕捞或分塘降低养殖密度。

（2）适量泼洒抗应激药物。

（3）适量使用净水剂沉降泥沙。

（4）加入少量新水或通过施肥、投放藻种培肥水质。

4. 效果跟踪
4天后养殖户反馈水变清,透明度>35厘米,小龙虾上草很少。

5. 案例分析
（1）一般稻田内虾苗的投放密度约为6000尾/亩,该养殖户的虾苗投放密度约为1.1万尾/亩,明显密度过高。

（2）小龙虾的运动方式以水底爬行为主,密度过高时必然会导致水体浑浊。

（3）小龙虾密度过大时,通过调节水质来恢复水色一般很难实现,及时降低密度才是正确的方法。

七、纤毛虫寄生浑水

1. 养殖户信息
湖北省黄石市阳新县三溪镇,虾稻面积65亩。

2. 相关情况

养殖户反映:4月后水一直浑浊,小龙虾身体上很脏。

现场调查:水色为黄色浑浊;病虾行动迟缓,全身沾满泥脏物;早晨不少小龙虾上草。

水质检测:水体溶氧偏低,氨氮、亚硝酸盐含量偏高。

3. 处理方案

(1)第1天用纤虫净全池泼洒,杀灭纤毛虫。

(2)第2天使用硫酸氢钾复合盐改良底质。

(3)第2天使用净水剂沉降泥沙。

(4)第3天加入少量新水或通过施肥、投放藻种培肥水质。

(5)第5天泼洒复合芽孢杆菌,降低水中的有机质含量。

4. 效果跟踪

1周后养殖户反馈水已经变清,小龙虾没有上草且身体变干净。

5. 案例分析

(1)小龙虾被纤毛虫寄生后,往往躁动不安,在底部到处爬动,因此,很易引起水体浑浊。

(2)纤毛虫寄生引起的水浑,必须先杀灭纤毛虫,否则水肥不起来。

(3)纤毛虫在有机质多的水中极易发生,防控纤毛虫必须降低水中的有机质含量,否则易复发。

八、水质过瘦浑水

1. 养殖户信息

湖北省黄石市阳新县浮屠镇,虾稻面积55亩。

2. 相关情况

养殖户反映:4月中旬放苗后水体一直浑浊,增加投喂量后,饲料也没有吃完,浑水没有任何改善;小龙虾生长缓慢。

现场调查:水色为黄色浑浊;田面水位20～30厘米;放苗前没有采取任何措施,水质清瘦(图5-4)。

水质检测:水体溶氧正常,氨氮、亚硝酸盐含量正常。

图 5 - 4　水质过瘦浑水

3. 处理方案

（1）加深水位至高于田面 50 厘米左右。

（2）使用净水剂沉降泥沙。

（3）用藻种加肥水膏培养浮游生物。

4. 效果跟踪

2 天后养殖户反馈水已经变清,水色呈茶褐色,水质明显改善。

5. 案例分析

（1）小龙虾苗种期主要以浮游生物为食,因此在投放虾苗前一定要把水肥起来,为虾苗提供充足的天然饵料。

（2）养殖前期,养殖户如果忽略了肥水,导致水中缺乏藻类,水体自净能力就会很差,水就极易浑浊。

（3）水质浑浊会严重影响小龙虾的蜕壳和生长。

九、黑水

1. 养殖户信息

仙桃市杨林尾镇,虾稻面积 100 亩。

2. 相关情况

养殖户反映:4 月水发黑,小龙虾上草、上岸。

现场调查:水色发黑;小龙虾没有活力;上草、上岸的小龙虾以大虾居多;田面水深不到 30 厘米(图 5 – 5)。

水质检测:水体溶氧偏低,氨氮、亚硝酸盐含量偏高。

图 5 – 5　黑水

3. 处理方案

(1)加深田面水位至 50 ~ 60 厘米。

(2)使用硫酸氢钾复合盐改良底质。

(3)泼洒复合芽孢杆菌,降低水中的有机质含量。

(4)3 天后加入 EM 菌调节水质。

4. 效果跟踪

3 天后水色开始转变,由黑色变成淡绿色,小龙虾不再上草、上岸。

5. 案例分析

(1)上年残留的稻梗随水温升高而加快腐烂,再加上水太浅,有机质分解大量消耗溶氧,造成水体缺氧。

(2)加深田面水位,能稀释水中的有机质浓度,增加水体的缓冲能力。

(3)使用硫酸氢钾复合盐、复合芽孢杆菌能降低水中的有机质含量。

第二节　水　草　方　面

一、种草过晚

1. 养殖户信息

湖北省黄冈市蕲春县张榜镇,虾稻面积90亩。

2. 相关情况

养殖户反映:4月水草太少;小龙虾底板发黑,青壳少,红壳多,有上坡现象(图5-6)。

现场调查:水草种植半月后投放虾苗,投放虾苗时水草的生长情况不太理想。投放虾苗后因为担心虾苗到新环境会产生应激性,2天没有投饵,结果水草被小龙虾严重破坏。

水质检测:水体溶氧偏低,氨氮、亚硝酸盐含量偏高。

图5-6　小龙虾底板发黑

3. 处理方案

(1)抓紧时间捕捞,不要惜售。

(2)尽快移栽伊乐藻、水花生等水草,并适当增加饵料投喂量。

(3)使用硫酸氢钾复合盐改良底质。

(4)泼洒复合芽孢杆菌,分解水中的有机质。

(5)定期使用EM菌调节水质。

4. 效果跟踪

3 天后小龙虾不再上草、上岸,底板发黑情况明显好转。

5. 案例分析

(1)应在投放虾苗之前 25 天左右栽种水草,如果水温低或阴雨天多还应适当提前。

(2)水草生长情况不理想的,在投放虾苗后应及时投喂饲料,避免小龙虾对水草造成破坏。

(3)水草太少时,阳光直射池底,小龙虾怕强光却无处躲藏,再加上底层水温升高,结果导致小龙虾体色过早变红,甚至成为铁壳虾。

二、水草过多

1. 养殖户信息

湖北省咸宁市通城县四庄乡,虾稻面积 15 亩。

2. 相关情况

养殖户反映:水质很好,水草充满活力;5 月捕不到小龙虾。

现场调查:水草覆盖率超过 90%,水体透明度超过 50 厘米(图 5 - 7)。

水质检测:水体溶氧正常,氨氮、亚硝酸盐含量略微偏高。

图 5 - 7　水草过多

3. 处理方案

(1)水草过多应在第一时间处理,水草覆盖率不超过 60%。

(2)人工将草连根拔起,先抽出行沟。

(3)使用割草工具割草头,使水草顶端低于水面 20 ~ 30 厘米。

（4）就近补投幼虾 3000～4000 只/亩。

（5）为防止水草再次疯长，建议用控草类药物 1～2 次，让水草缓慢横向生长。

4. 效果跟踪

25 天后每天小龙虾产量超过 50 千克。

5. 案例分析

（1）养殖户是新手，担心水草长不起来，因此水草种得太密。

（2）水草在晚上只耗氧不产氧，因此，水草过多时，水中晚上是缺氧的，尤其是连绵阴雨天时，缺氧更加严重，体质好的小龙虾可能上草、上岸，体质差的可能直接死亡了。

（3）晴天的白天，水草的光合作用强烈，水体 pH 值往往超过 9.5，到了次日凌晨，由于晚上水草的呼吸作用，水中 CO_2 含量急剧上升，pH 值可能低于 6。pH 值的剧烈变化，会对小龙虾生长和蜕壳产生严重的不利影响，导致小龙虾蜕壳不遂死亡。

三、水草长不好

1. 养殖户信息

湖北省孝感市汉川市沉湖镇，虾稻面积 85 亩。

2. 相关情况

养殖户反映：3 月种植的伊乐藻，现在水草上好像有泥苔，长不好（图 5-8）。

现场调查：将水草在水里抖动几下，水草就干净了；水草没有新鲜嫩芽；草根轻微泛黄。

水质检测：水体溶氧正常，氨氮、亚硝酸盐含量正常。

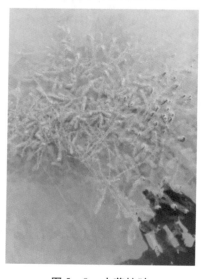

图 5-8　水草挂脏

3. 处理方案

（1）补充能促进水草根茎生长的肥料。

（2）每隔 10 天泼洒 1 次 EM 菌调节水质。

4. 效果跟踪

3 天后水草发现新鲜嫩芽；草根由黄变白。

5. 案例分析

（1）没有新鲜嫩芽、草根轻微泛黄等都是水草活力不好的典型特征。

（2）水草的泥苔抖动几下就干净，说明水草活力不好最可能是缺肥引起的，补充肥料就可以恢复活力。

（3）如果水草的泥苔抖动后不变干净，用手摸有滑腻腻的感觉，说明水草活力不好最可能是水中有机物过多导致纤毛虫大量繁殖引起的，处理的方法就是先杀纤毛虫，再使用芽孢杆菌分解有机物，最后用 EM 菌调水。

（4）定期向水中泼洒芽孢杆菌、EM 菌可以有效防止水草挂脏、活力不好。

第三节 虾苗放养方面

一、虾苗投放程序规范（成功案例）

1. 养殖户信息

湖北省潜江市后湖管理区，虾稻面积 30 亩。

2. 相关情况

4 月 11 日早晨 5:00 投放虾苗 1000 千克，虾苗从捕捞到下塘大约 2 小时。苗种入塘之后，虾苗迅速游走，成活率超过 95%。次日开始投喂饲料。

3. 准备工作

（1）水草覆盖率控制在 50%～60%。

（2）放养虾苗前在稻田内进行解毒、肥水。

（3）苗种采购选择在最近的小龙虾养殖合作社，车程不超过半小时。

（4）虾苗投放前 2 小时在虾苗投放区泼洒抗应激药物。

（5）虾苗投放时，在岸边浅水区每隔 10 米左右投放一筐虾苗，避免局部虾苗密度过高。

4.效果跟踪

截止到 5 月 30 日小龙虾产量超过 4200 千克。

5.案例分析

（1）虾苗投放之前准备工作很充分。

（2）运输时间尽量短,确保了虾苗运输的成活率。

（3）放养前 2 小时泼洒抗应激药物降低虾苗的应激反应,有效提高了虾苗的放养成活率。

（4）虾苗放养次日开始投喂饲料,避免了虾苗对水草的破坏。

二、购虾苗舍近求远

1.养殖户信息

湖北省黄石市阳新县某公司,虾稻面积 600 亩。

2.相关情况

4 月中旬准备购买虾苗放养,当时相距 5 千米的本地小龙虾养殖专业合作社面积几千亩,虾苗充足,报价 30 元/千克。公司负责人又和监利县的朋友联系,得知监利县的虾苗价格为 24 元/千克。两地虾苗差价达 6 元/千克,公司负责人经过权衡,最终选择在监利县分批购苗约 1.6 万千克,共节省购苗费用近 10 万元。

3.养殖结果

（1）预计产量 6.4 万千克,实际产量 0.5 万千克多一点。

（2）预计年净利润 120 万元以上,实际亏损 100 万元左右。

4.案例分析

（1）购苗舍近求远,结果因小失大。

（2）在本地合作社购苗,虾苗运输时间不超过 15 分钟,虾苗运输后放养的成活率可达 95% 以上。

（3）在监利县购苗,虾苗运输时间超过 7 小时,虾苗运输后放养的成活率可能不足 30%。

（4）运输时间短是提高虾苗放养成活率的关键因素。

三、运输时间长、放养温度高

1.养殖户信息

某开设水产养殖专业的大学。

2. 相关情况

该大学于 2016 年 4 月 27 日从安徽省滁州市全椒县某小龙虾养殖专业合作社购买了一批虾苗用于科学研究。凌晨 4:00 运苗车从安徽省滁州市全椒县出发,运输约 7 小时,于上午 11:00 左右到达该大学科研基地。

3. 养殖结果

虾苗放养后死亡率约 95%。

4. 案例分析

(1)虾苗运输时间超过 7 小时,虾苗运输后放养的成活率可能不足 30%。

(2)上午 11:00 左右到达目的地,当地气温高达 27℃,温度过高进一步降低了虾苗放养的成活率。

四、轮捕轮放

1. 养殖户信息

湖北省黄冈市黄梅县濯港镇,虾稻面积 80 亩。

2. 相关情况

4 月上旬购买虾苗放养,小龙虾生长情况良好,5 月上旬开始卖虾。卖了部分虾后感觉稻田内密度降低了,想起专家讲课时说过养鱼时采取轮捕轮放的措施可以大幅度提高成鱼的产量,就按照卖 4 千克成虾补放 1 千克虾苗的方法外购虾苗持续投放。

3. 养殖结果

(1)补投虾苗 5 天后开始死虾,而且死亡的都是大规格商品虾,每天死亡量 10 ~ 30 千克。

(2)补投虾苗 10 天后死亡更加严重,除了大规格商品虾外,中规格商品虾也开始死亡,每天死亡量突破 50 千克。

4. 案例分析

(1)5 月外购的虾苗携带白斑病毒的比例较大,未经严格的检疫和消毒就投放,会导致原有的健康小龙虾被传染,从而引发白斑综合征。

(2)除非养殖户自己有配套的育苗池,否则应慎重采用轮捕轮放的模式。

(3)建议养殖户一次性投足虾苗,卖虾时通过捕大留小为留下的小龙虾提供充足的生长空间。

第四节　亲虾放养方面

一、亲虾放养不当

1. 养殖户信息

某水产相关研究所。

2. 相关情况

该研究所于 2016 年 8 月 23 日从洪湖市某小龙虾养殖专业合作社购买了一批亲虾用于科学研究。早晨 6:00 起捕,7:30 从洪湖市出发,运输约 2.5 小时,于上午 10:00 左右到达该研究所科研基地。

3. 养殖结果

运输成活率 100%。室内循环水养殖系统内:9 月 8 号开始出现死亡现象,总计 460 只亲虾,在 3 天内死亡 219 只,其中雌虾占 60%,一个月后的存活率约 30%。室外水泥池和池塘放养:一个月后死亡率 85% 左右(图 5 - 9)。

图 5 - 9　室外水泥池死亡的亲虾

4. 案例分析

(1)亲虾从起捕到放养时间超过 4 小时,严重影响放养的成活率。

（2）上午 10：00 左右到达目的地，当地气温高达 34℃，温度过高进一步降低了亲虾放养的成活率。

（3）亲虾在放养 15 天以后开始大量死亡，这与虾苗放养一般在 7 天内大量死亡有较大的差别，其原因可能与亲虾对不良环境耐受力更强有关。

（4）亲虾放养后，室内与室外成活率差别较大，可能与两个因素有关：一是室内采用了循环水养殖系统，相比室外溶氧更充足、水质更好；二是室外相比室内光照更加强烈，小龙虾喜弱光、怕强光，产生的应激性更大。

（5）养殖户在投放亲虾时，建议捕虾及运输时间尽可能短，另外亲虾放养的时间最好选在日出之前。

第五节 底 质 方 面

一、底质不良

1. 养殖户信息
湖北省黄冈市浠水县散花镇，虾稻面积 55 亩。

2. 相关情况
养殖户反映：5 月水色过浓，透明度低；水草挂脏、没有活力。

现场调查：水色为浓褐色，透明度 10 厘米左右，水中有机杂质多；投放虾苗后一直未改底。

水质检测：水体溶氧偏低，氨氮含量偏高，亚硝酸盐含量正常。

3. 处理方案
（1）第 1 天使用硫酸氢钾复合盐，改善底部环境。

（2）第 2 天使用有机酸，解毒调水，改善水质环境。

（3）第 3 天泼洒复合芽孢杆菌，分解水中的有机质。

（4）养殖期间定期改良底质，其中高温期建议以生物改底为主。

（5）养殖期间定期使用 EM 菌调节水质。

4. 效果跟踪
泼洒复合芽孢杆菌 2 天后，水质显著改善，水草干净，透明度提高到 40 厘米左右。

5. 案例分析

（1）进入5月，随着水温的升高，小龙虾摄食强度增加，饵料投喂量相应增加，水中残饵、粪便的积累会产生大量有机杂质。

（2）有机杂质附着在水草上导致水草挂脏、失去活力。

（3）水草失去活力造成水质净化能力差，引起水色变浓，透明度降低。

（4）解决水草挂脏的根本方法是养殖期间定期改良底质，降解有机杂质，维持菌藻平衡。

第六节　青苔方面

一、水太浅、未肥水

1. 养殖户信息

湖北省荆州市监利县朱河镇，虾稻面积105亩。

2. 相关情况

养殖户反映：3月满稻田的青苔，越捞越多，下肥没有效果。

现场调查：田面水位太浅，下肥之后，肥被青苔吸收，反而促进了青苔的生长。

水质检测：水体溶氧正常，氨氮、亚硝酸盐含量正常。

3. 处理方案

(1) 通过加水把田面水位提高到60~70厘米，把稻田中的稻梗、杂草全部淹没，不给青苔提供附着物。

(2) 水位加深后，很大一部分青苔会由于水的浮力而漂在水面上并被风吹到稻田边，采用人工打捞的方法捞起来（图5-10）。

(3) 泼洒腐殖酸钠降低水体透明度，青苔会死亡上浮，然后被风吹到稻田边，人工捞起。

(4) 泼洒芽孢杆菌和肥水产品，有效分解水底的有机物，抑制青苔生长，同时还可调节水质。

图 5 – 10　人工打捞青苔

4. 效果跟踪

7 天后青苔基本清除干净。

5. 案例分析

（1）稻田内冬季有积水,青苔的孢子大量存在于水底。

（2）水位太浅,秋、冬季肥水工作未做,致使开春后水过清,阳光直接照射水底,水底的青苔孢子由于水温回升和阳光照射,迅速萌发生长。

（3）加深水位、泼洒腐殖酸钠和肥水会降低水体透明度,影响青苔的光合作用。

（4）泼洒芽孢杆菌能抑制青苔的生长。

二、超量使用杀青苔药物

（一）案例 1

1. 养殖户信息

湖北省孝感市汉川市沉湖镇,虾稻面积 60 亩。

2. 相关情况

养殖户反映:3 月中旬以后,发现伊乐藻先出现黄根、黑根现象,几天后全部死亡;尚未投放虾苗。

现场调查:2 月稻田内有不少青苔,到渔药经销商处购买杀青苔药物,经销商推荐使用江苏省某厂家的杀青苔药物。根据药物说明书,4 亩水体用一瓶,60 亩稻田应购买 15 瓶药物。经销商提醒 2 月水温较低,药物效果会受到影响,建议药物加倍使用。养殖户购买了 30 瓶杀青苔药物用水稀释后全池泼洒,2 天后青苔全部死亡。

水质检测:水体溶氧偏低,氨氮、亚硝酸盐含量超标。

3. 处理方案

(1)把稻田内的水全部抽干。

(2)田面翻耕、暴晒15天以上。

(3)加水后使用解毒药物解除杀青苔药物的残留。

(4)补种水草。

4. 效果跟踪

补种水草后5天水草长出白根、发出新芽(图5-11)。

图5-11　刚长出新芽的伊乐藻

5. 案例分析

(1)青苔的防控应该以肥水预防为主。

(2)60亩稻田的土地面积实际种养面积只有约48亩。

(3)4亩水体用一瓶杀青苔药物的前提是水深1米,而稻田2月水位大约50厘米。

(4)60亩稻田使用30瓶杀青苔药物,表面上药物使用量超标1倍,实际上使用量达到正常使用量的5倍。

(5)水温低时杀青苔药物毒性较低,3月中旬随着水温升高杀青苔药物的毒性也急剧上升,水草全部死亡也就不难理解了。

(二)案例2

1. 养殖户信息

湖北省仙桃市排湖,虾稻面积20亩。

2. 相关情况

养殖户反映:4月初开始,发现伊乐藻先出现黄根、黑根现象,几天后全部死亡;尚未投放虾苗。

现场调查:3月下旬稻田内有少量青苔(不足20%),看到附近养殖户的水中用了杀青苔药物后一点青苔都没有,养殖户有了心理压力:担心过一段时间青苔泛滥,于是向渔药经销商请教。经销商强调必须用药物杀灭,否则4月青苔肯定会泛滥,并推荐使用江苏省某厂家的杀青苔药物。根据药物说明书,4亩水体用一瓶,养殖户购买了5瓶杀青苔药物用水稀释后全池泼洒。2天后青苔全部死亡;4天后伊乐藻出现黄根、黑根现象,紧急采取了改底、解毒、换水等措施没有丝毫效果,几天后水草全部死亡(图5-12)。

水质检测:水体溶氧偏低,氨氮、亚硝酸盐含量超标。

图 5-12　超量使用杀青苔药物后的伊乐藻

3. 处理方案

(1)把稻田内的水全部抽干。

(2)田面翻耕、暴晒15天以上。

(3)加水后使用解毒药物解除杀青苔药物的残留。

(4)补种水草。

4. 效果跟踪

补种水草后5天水草长出白根、发出新芽。

5. 案例分析

(1)稻田内有少量青苔其实是稻田水质较好的表现。

(2)3月底稻田内青苔不超过30%一般不用担心,4月初加高水位并泼洒腐殖酸钠青苔就被完全控制了。

（3）20 亩稻田的土地面积实际种养面积只有约 16 亩。

（4）4 亩水体用一瓶杀青苔药物的前提是水深 1 米，而稻田 3 月水位大约 30 厘米。

（5）20 亩稻田使用 5 瓶杀青苔药物，表面上药物使用量没有超标，实际上使用量达到正常使用量的 4 倍以上。

第七节　野杂鱼方面

一、野杂鱼清除不及时

1. 养殖户信息
江西省某县某小龙虾养殖合作社，虾稻面积 600 多亩。

2. 相关情况
4 月上旬分批购买鄱阳湖野生虾苗，累计放养虾苗 1.3 万千克。饲料使用的是某知名品牌小龙虾专用饲料，截止到 5 月 31 日，共投喂饲料 35 吨多一点。小龙虾生长速度很快，成虾规格较大。

3. 养殖结果
（1）目标产量 5 万千克以上，实际产量约 5500 千克。

（2）存塘虾所剩无几，预计亏损 100 万元左右。

4. 案例分析
（1）采用鄱阳湖野生虾苗，生长优势明显，成虾规格较大是意料之中的事情。

（2）鄱阳湖野生虾苗的捕捞时间长短以及运输方式存在较大的不确定性，可能会对放养后的成活率产生较大的影响。

（3）正常情况下进行小龙虾成虾养殖时，饵料系数为 0.5～1.0，该合作社饵料系数超过了 6.3，显然养殖管理方面出了大问题。

（4）在排除了饵料没有吃完被浪费的因素后，基本可以确定饵料是被野杂鱼吃了。结合该合作社在稻田改造好之后进水口没有安装密眼网袋过滤的实际情况，可以确定野杂鱼泛滥就是小龙虾产量过低的罪魁祸首。

（5）野杂鱼不仅与小龙虾争食、争空间、争氧气，还会捕食虾苗和大规格软壳虾。

（6）虾苗投放前，应清除稻田环沟中的野杂鱼（图 5－13）。

图 5 - 13　稻田环沟内杀死的野杂鱼

第八节　病 害 方 面

一、甲壳溃疡病

1. 养殖户信息

湖北省黄冈市蕲春县八里湖,虾稻面积 46 亩。

2. 相关情况

养殖户反映:4 月中旬下地笼后发现,捕起来的小龙虾中有 20% 左右体表发黑,相当一部分小龙虾头胸甲上出现空洞,卖相不佳严重影响销售。

现场调查:部分虾壳局部出现灰白色的斑点,严重的虾壳边缘溃烂,有明显溃疡症状(图 5 - 14)。

水质检测:水体溶氧正常,氨氮、亚硝酸盐含量正常。

图 5 - 14　小龙虾甲壳溃疡病

3. 处理方案

(1)第 1 天使用二氧化氯或碘制剂全池泼洒,同时内服恩诺沙星。

(2)第 3 天开始使用液体补钙产品全池泼洒,连续 2 天。

(3)第 5 天后选择晴天再使用二氧化氯或碘制剂全池泼洒巩固治疗效果。

4. 效果跟踪

第 6 天再次下地笼捕虾,小龙虾全部体表光滑,体色鲜亮,没有发现甲壳溃疡现象。

5. 案例分析

(1)甲壳溃疡病与水体中几丁质分解细菌随着温度升高大量繁殖有关。

(2)当小龙虾体表受伤的时候容易受到细菌感染,从而引发甲壳溃疡,因此虾苗运输和投放时,要轻拿轻放,尽量不要损伤虾体。

(3)发病初期伤口周围会沉积黑色素,使小龙虾体色变黑;发病中后期,甲壳有明显溃疡症状。

(4)治疗时应先外用消毒剂杀菌,同时内服抗菌消炎药物,另外注意补钙,促进小龙虾蜕壳。

二、肠炎病

1. 养殖户信息

湖北省武汉市蔡甸区,虾稻面积 70 亩。

2. 相关情况

养殖户反映:小龙虾摄食减少,每天少量死虾。

现场调查:病虾无活力,解剖后发现肠道内无食物,部分肿大,局部呈淡蓝色,肝脏颜色正常,初步诊断为肠炎(图5-15)。

水质检测:水体溶氧正常,氨氮、亚硝酸盐含量正常。

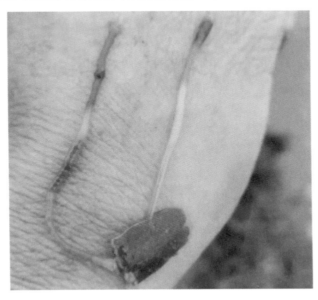

图5-15 小龙虾肠炎病

3. 处理方案

(1)使用过硫酸氢钾复合盐改良底质,同时使用解毒剂进行水体解毒。

(2)饲料中添加恩诺沙星和保肝护胆药物,连续内服5天。

4. 效果跟踪

5天后,小龙虾死亡量明显减少,肠道内食物增多,肿大现象消失,摄食情况良好。

5. 案例分析

(1)进入5月后饲料投喂量增加,水底容易积累残饵和粪便,如果不定期进行底质改良,必然会造成病菌大量繁殖,水体环境恶化。

(2)小龙虾肠道相对较短,消化吸收能力较差。小龙虾饲料为了提高稳定性往往会加入大量的黏合剂,长期投喂高蛋白饲料也会增加小龙虾肠道负担,二者结合就会使得肠道受损。如果不定期内服保肝护胆类药物,就会给病菌感染创造条件。

(3)从根本上解决小龙虾肠炎问题必须先改良底部生存环境,再内服杀菌、保健药物。

三、纤毛虫病

1. 养殖户信息

大冶市陈贵镇,虾稻面积 56 亩。

2. 相关情况

养殖户反映:小龙虾体表挂脏,摄食减少,生长缓慢,每天少量死虾(图 5 – 16)。

现场调查:纤毛虫寄生的小龙虾比例超过 50%;水体透明度 <15 厘米。

水质检测:水体溶氧正常,氨氮、亚硝酸盐含量正常。

图 5 – 16　小龙虾纤毛虫病

3. 处理方案

(1)用纤虫净全池泼洒杀灭纤毛虫,使用过硫酸氢钾复合盐改良底质。

(2)2 天后调水、培藻,同时向水中补钙。

(3)投喂添加蜕壳的饲料,促进小龙虾蜕壳。

(4)再过 2 天,泼洒复合芽孢杆菌分解水中的有机质。

4. 效果跟踪

5 天后,小龙虾死亡量明显减少,肠道内食物增多,摄食情况良好。

5. 案例分析

(1)纤毛虫病发生一般都是由水体中有机物过多引起的。

(2)进入 5 月后饲料投喂量增加,水底容易积累残饵和粪便,如果不定期进行底质改良,必然会出现水体环境恶化。

（3）解决小龙虾纤毛虫病的思路是先杀纤毛虫,再改良底部、调节水质降低水体中有机物的含量。

四、白斑病毒病

1. 养殖户信息

湖北省荆州市公安县麻豪口镇,虾稻面积40亩。

2. 相关情况

养殖户反映:5月2日,天气比较闷热,导致小龙虾大量上草(图5-17)。当天死亡量达到30千克以上,然后每天死亡有20千克,而且死亡的都是规格较大的小龙虾,用了很多药都没有好转。饲料投喂量从每天100千克下降到每天80千克。

现场调查:稻田内水草长势良好,水质略有点浑,水体透明度<15厘米;小龙虾螯足无力、反应迟缓、体色灰暗;部分病虾头胸甲处有黄白色斑点;解剖可见肝胰腺肿大、颜色变深、胃肠道无食物。

水质检测:水体溶氧正常,氨氮、亚硝酸盐含量正常。

图5-17 小龙虾上草

3. 处理方案

（1）加强捕捞,降低养殖密度。

（2）泼洒解毒、抗应激药物,提高小龙虾活力。

（3）在饲料中添加能提高小龙虾免疫力的药物。

（4）聚维酮碘或四烷基季铵盐络合碘 0.3～3.5 毫克/升全池泼洒,隔一天再用 1 次。

4. 效果跟踪

2 天后死亡量已经下降到每天 10 千克左右,5 天后每天只有零星死亡,饲料投喂量恢复到每天 100 千克左右。

5. 案例分析

（1）密度过高造成缺氧是诱发白斑病毒病的重要原因。

（2）在饲料中添加提高免疫力的药物能有效降低白斑病毒病的发病率。

（3）白斑病毒病的防控应以预防为主。

第九节　虾稻田选址

一、不适宜区域开展虾稻养殖

1. 养殖户信息

湖北省枝江市仙女镇,虾稻面积 30 亩。

2. 相关情况

养殖户反映：看到周围不少熟人在稻田内养殖小龙虾赚钱了,头脑发热也承包了 30 亩稻田养殖小龙虾。田面的土壤偏沙性土,想想以前是种水稻的稻田,估计不会漏水。按照宽 4 米、深 1 米开挖环沟。等挖好了一看,环沟底部的土壤含沙量更高。环沟挖好后,进水,安装防逃网。结果第 1 天白天水位高于田面 30 厘米,第 2 天早晨水位就和田面平齐了。本地水源也不充足,完全没有办法养殖小龙虾了。

3. 案例分析

（1）头脑发热、盲目上马。

（2）不懂技术,不了解虾稻模式对稻田有土壤、水源、水质方面的具体要求。

第十节 管理方面

一、未掌握养殖管理技术

1. 养殖户信息

武汉市江夏区,虾稻面积80亩。

2. 相关情况

养殖户反映:头一年11月,稻田内虾苗很多。翌年4月中旬,周围的养殖户每亩少的已经卖了30～40千克虾苗,多的已经超过80千克,自己才卖了不到20千克。

现场调查:冬季田面水位不到20厘米;秋、冬季没有采取肥水的技术措施;水稻收割后一直到3月没有投喂任何饲料。

3. 案例分析

(1)冬季田面水位太低,严重影响了虾苗越冬成活率。

(2)虾苗的主要食物是浮游生物。秋、冬季没有肥水,虾苗越冬期间缺少食物,造成越冬期间大量死亡。

(3)虾苗在冬季一般不打洞,秋、冬季节适当投喂饲料,不仅有利于提高虾苗越冬成活率,而且能够增大虾苗的规格,做到提前上市。

二、利用青饲养虾技术(成功案例)

光叶紫花苕子和箭∎豌豆均属豆科绿肥作物,越年生或一年生草本,其地上部分干物质中氨基酸含量18%～20%、蛋白质含量25%～30%,牛、羊、猪、兔以及小龙虾均喜食。通过在外围田埂埂面种植光叶紫花苕子、箭∎豌豆等,并分期分批收割鲜草饲喂小龙虾,使小龙虾生产快、品质好、品相佳,能替代25%左右的饲料,同时有效提高了土地的利用率,还能够起到固土护埂和培肥稻田土壤的作用。

9月下旬至10月下旬,埂面土壤条件较好时可直接播种,若土壤较板结,可用小型机械旋耕,然后播种豆科冬季绿肥,品种采用光叶紫花苕子或箭∎豌豆,采取撒播方式,光叶紫花苕子播种量为3～4千克/亩,箭∎豌豆播种量为4～5千克/亩,一般不需要采用其他管理措施(图5-18)。

图5-18 虾稻模式田埂绿肥种植实景图

从第二年3月中旬开始,收割绿肥青草投入养殖水域,按养殖水域面积来算,每次每亩投入鲜草20～30千克,每3～5天投喂一次,可以持续到4月底或5月初结束。在投喂绿肥青草期间,减少饲料用量20%～30%(图5-19)。

图5-19 虾稻模式绿肥投喂实景图

1. 养殖户信息

湖北省潜江市白鹭湖管理区,虾稻共作面积46亩,其中外围田埂总面积5亩,种植绿肥面积约4.2亩。

2. 相关情况

箭■豌豆于10月上旬播种,播种量为4千克/亩,在翌年3月18日开始分片收割,每3~5天收割一次,每次收割面积约280平方米,每次投喂绿肥鲜草1000~1200千克,在此期间,小龙虾专用饲料的投喂量减少20%左右。累计投喂绿肥鲜草约12600千克(干物质约1260千克),折算成营养成分约为氨基酸230千克、脂肪30千克、蛋白质320千克、粗纤维280千克。小龙虾总产量7630千克,平均每亩产量166千克。而对照田块每亩投入饲料100千克,不投喂绿肥鲜草,其他方面的投入亩用量与绿肥养虾田块基本一致,该田块小龙虾总产量5670千克,平均亩产135千克。相对于只用饲料,投喂过绿肥鲜草的小龙虾个体更大,虾肉饱满、肉质嫩、弹性好。